홍원표의 지반공학 강좌 건설사례편 3

기초공사사례

KB077609

홍원표의 지반공학 강좌 | 건설사례편 3

기초공사사례

마이크로파일은 원래 압축력을 지지하는 데 주로 사용되고 있다. 그러나 마이크로파일은 직경이 작고 길이가 긴 구조체로 세장비가 크므로 압축력을 받을 경우는 좌굴에 대하여 불안한 구조로 되기 때문에 구조적인 특징으로 보아서 마이크로파일은 압축력보다는 오히려 인장력에 더 효과적이다. 이와 같이 마이크로파일을 인발말뚝으로 활용하면 매우 효과적인 인발말뚝으로 작용할 수 있고, 여기에 인발저항력을 증대시킬 수 있는 방안을 고안한다면 더욱 효과적인 인발말뚝으로 활용할 수 있을 것이다.

홍원표 저

중앙대학교 명예교수
홍원표지반연구소 소장

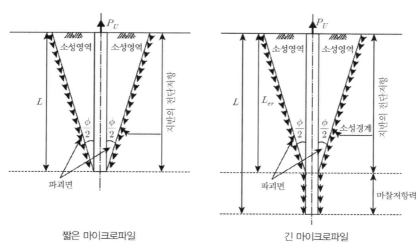

짧은 마이크로파일   긴 마이크로파일

마이크로파일의 전단저항 발생기구

씨
아이
알

'홍원표의 지반공학 강좌'를 시작하면서

2015년 8월 말, 필자는 퇴임강연으로 퇴임식을 대신하면서 34년간의 대학교수직을 마감하였다. 이후 대학교수 시절의 연구업적과 강의노트를 서적으로 남겨놓는 작업을 시작하였다. 퇴임당시 주변에서 이제부터는 편안히 시간을 보내면서 즐기라는 권유도 많이 받았고 새로운 직장을 권유받기도 하였다. 여러 가지로 부족한 필자의 여생을 편안하게 보내도록 진심 어린 마음으로 해준 조언도 분에 넘치게 고마웠고 새로운 직장을 권하는 사람들도 더없이 고마웠다. 그분들의 고마운 권유에도 귀를 기울이지 않고 신림동에 마련한 자그마한 사무실에서 막상 집필 작업에 들어가니 황량한 벌판에 외롭게 홀로 내팽개쳐진 쓸쓸함과 정작 '집필을 수행할 수 있을까?' 하는 두려운 마음이 들었다.

그때 필자는 자신의 선택과 앞으로의 작업에 대하여 많은 생각을 하였다. '과연 나에게 허락된 남은 귀중한 시간을 무엇을 하는 데 써야 행복할까?' 하는 질문을 수없이 되새겨보았다. 이제 드디어 나에게 진정한 자유가 허락된 것인가? 자유란 무엇인가? 자신에게 반문하였다. 여기서 필자는 "진정한 자유란 자기가 좋아하는 것을 하는 것이며 행복이란 지금의 일을 좋아하는 것"이라고 한 어느 글에서 해답을 찾을 수 있었다. 그 결과 퇴임 후 계획하였던 집필작업을 차질 없이 진행해오고 있다. 지금 돌이켜보면 대학교수직을 퇴임한 것은 새로운 출발을 위한 아름다운 마무리에 해당하는 것이라고 스스로에게 말할 수 있게 되었다. 지금도 힘들고 어려우면 초심을 돌아보면서 다짐을 새롭게 하고 마지막에 느낄 기쁨을 생각하면서 혼자 즐거워한다. 지금부터의 세상은 평생직장의 시대가 아니고 평생직업의 시대라고 한다. 필자에게 집필은 평생직업이 된 셈이다.

이러한 평생직업을 가질 수 있는 준비작업은 교수 재직 중 만난 수많은 석·박사 제자들과의 연구에서부터 출발하였다고 생각한다. 그들의 성실하고 꾸준한 노력이 없었다면 오늘 이런 집필 작업은 꿈도 꾸지 못하였을 것이다. 그 과정에서 때론 크게 격려하기도 하고 나무라기도 하였던 점이 모두 주마등처럼 지나가고 있다. 그러나 그들과의 동고동락하던 시기가 내 인생 최고의 시기였음을 이 지면에서 자신 있게 분명히 말할 수 있고, 늦게나마 스승보다는 연구동반자로 고마움을 표하는 바다.

신이 허락한다는 전제 조건하에서 100세 시대의 내 인생 생애주기를 세 구간으로 나누면 제1구간은 탄생에서 30년까지로 성장과 활동의 시기였고, 제2구간인 30세에서 60세까지는 노후 집필의 준비 시기였으며, 제3구간인 60세 이상에서는 평생직업을 갖는 인생 마무리 주기로 정하고 싶다. 이 제3구간의 시기에 필자는 즐기면서 지나온 기록을 정리하고 있다. 프랑스 작가 시몬 드 보부아르는 "노년에는 글쓰기가 가장 행복한 일"이라고 하였다. 이 또한 필자가 매일 느끼는 행복과 일치하는 말이다. 또한 김형석 연세대 명예교수도 "인생에서 60세부터 75세까지가 가장 황금시대"라고 언급하였다. 필자 또한 원고를 정리하다 보면 과거 연구가 잘못된 점도 발견할 수 있어 늦게나마 바로 잡을 수 있어 즐겁고 연구가 미흡하여 계속 연구를 더 할 필요가 있는 사항을 종종 발견하기도 한다. 지금이라도 가능하다면 더 계속 진행하고 싶으나 사정이 여의치 않아 아쉬운 감이 들 때도 많다. 어찌하였든 지금까지 이렇게 한발 한발 자신의 생각을 정리할 수 있다는 것은 내 인생 생애주기 중 제3구간을 즐겁고 보람되게 누릴 수 있다는 것이 더없는 영광이다.

우리나라에서 지반공학 분야 연구를 수행하면서 참고할 서적이나 사례가 없어 힘든 경우도 있었지만 그럴 때마다 "길이 없으면 만들며 간다"는 신용호 교보문고 창립자의 말을 생각하면서 묵묵히 연구를 계속하였다. 필자의 집필작업뿐만 아니라 세상의 모든 일을 성공적으로 달성하기 위해서는 불광불급(不狂不及)의 자세가 필요하다고 한다. "미치지(狂) 않으면 미치지(及) 못한다" 라고 하니 필자도 이 집필작업에 여한이 없도록 미쳐보고 싶다. 비록 필자가 이 작업에 미쳐 완성한 서적이 독자들 눈에 차지 못할지라도 그것은 필자에겐 더없이 소중한 성과다.

지반공학 분야의 서적을 기획집필하기에 앞서 이 서적의 성격을 우선 정하고자 한다. 우리 현실에서 이론 중심의 책보다는 강의 중심의 책이 기술자에게 필요할 것 같아 이름을 '지반공학 강좌'로 정하였고, 일본에서 발간된 여러 시리즈의 서적과 구분하기 위해 필자의 이름을 넣어 '홍원표의 지반공학 강좌'로 정하였다. 강의의 목적은 단순한 정보전달이어서는 안 된다고 생각 한다. 강의는 생각을 고취하고 자극해야 한다. 많은 지반공학도들이 본 강좌서적을 활용하여 새로운 아이디어, 연구 테마 및 설계·시공안을 마련하기를 바란다. 앞으로 이 강좌에서는 「말뚝공학편」, 「기초공학편」, 「토질역학편」, 「건설사례편」 등 여러 분야의 강좌가 계속될 것이다. 주로 필자의 강의노트, 연구논문, 연구 프로젝트 보고서, 현장자문기록, 필자가 지도한 석·박사 학위논문 등을 정리하여 서적으로 구성하였고 지반공학도 및 설계·시공기술자에게 도움이 될 수 있는 상태로 구상하였다. 처음 시도하는 작업이다 보니 조심스러운 마음이 많다. 옛 선현의 말에 "눈길을 걸어갈 때 어지러이 걷지 마라. 오늘 남긴 내 발자국이 뒷사람의 길이 된다"라고 하였기에 조심 조심의 마음으로 눈 내린 벌판에 발자국을 남기는 자세로 진행할 예정이다. 부디 필자가 남긴 발자국이 많은 후학들의 길 찾기에 초석이 되길 바란다.

2015년 9월 '홍원표지반연구소'에서

저자 **홍원표**

「건설사례편」 강좌
서 문

　은퇴 후 지인들로부터 받는 인사가 "요즈음 뭐하고 지내세요"가 많다. 그도 그럴 것이 요즘 은퇴한 남자들의 생활이 몹시 힘들다는 말이 많이 들리기 때문에 나도 그 대열에서 벗어날 수 없는 것이 사실이다. 이러한 현상은 남자들이 옛날에는 은퇴 후 동내 복덕방(지금의 부동산 소개업소)에서 소일하던 생활이 변하였기 때문일 것이다. 요즈음 부동산 중개업에는 젊은 사람들이나 여성들이 많이 종사하고 있어 동네 복덕방이 더 이상 은퇴한 할아버지들의 소일터가 아니다. 별도의 계획을 세우지 않는 경우 남자들은 은퇴 즉시 백수가 되는 세상이다.

　이런 상황에 필자는 일찌감치 은퇴 후 자신이 할 일을 집필에 두고 준비하여 살았다. 이로 인하여 은퇴 후에도 바쁜 생활을 할 수 있어 기쁘다. 필자는 은퇴 전 생활이나 은퇴 후의 생활이 다르지 않게 집필계획에 따라 바쁘게 생활할 수 있다. 비록 금전적으로는 아무 도움이 되지 못하지만 시간상으로는 아무 변화가 없다. 다만 근무처가 학교가 아니라 개인 오피스텔인 점만이 다르다. 즉, 매일 매일 아침 9시부터 저녁 5시까지 집필에 몰두하다 보니 하루, 한 달, 일 년이 매우 빠르게 흘러가고 있다. 은퇴 후 거의 10년의 세월이 되고 있다. 계속 정진하여 처음 목표로 정한 '홍원표의 지반공학 강좌'의 「말뚝공학편」, 「기초공학편」, 「토질공학편」, 「건설사례편」의 집필을 완성하는 그날까지 계속 정진할 수 있기를 기원하는 바다.

　그동안 집필작업이 너무 힘들어 포기할까도 생각하였으나 초심을 잃지 말자는 마음으로 지금까지 버텨왔음이 오히려 자랑스럽다. 심지어 작년 한 해는 처음 목표의 절반을 달성하였으므로 집필작업을 잠시 멈추고 지금까지의 길을 뒤돌아보는 시간도 가졌다. 더욱이 대한토목학회로부터 내가 집필한 '홍원표의 지반공학 강좌' 「기초공학편」이 학회 '저술상'이란 영광스런 상의 수상자로 선발되기까지 하였고, 일면식도 없는 사람으로부터 전혀 생각지도 않았던 감사인사까지 받게 되어 그동안 집필작업에 계속 정진하였음은 정말 잘한 일이고 그 결정을 무엇보다 자랑스럽게 생각하는 바다.

드디어 '홍원표의 지반공학 강좌'의 네 번째 강좌인 「건설사례편」의 집필을 수행하게 되었다. 실제 필자는 요즘 「건설사례편」에 정성을 가하여 열심히 몰두하고 있다. 황금보다 소금보다 더 소중한 것이 지금이라 하지 않았던가.

네 번째 강좌인 「건설사례편」에서는 필자가 은퇴 전에 참여하여 수행하였던 각종 연구 용역을 '지하굴착', '사면안정', '기초공사', '연약지반 및 항만공사', '구조물 안정'의 다섯 분야로 구분하여 정리하고 있다. 책의 내용이 다른 전문가들에게 어떻게 평가될지 모르나 필자의 작은 노력과 발자취가 후학에게 도움이 되고자 과감히 용기를 내어 정리하여 남기고자 한다. 내가 노년에 해야 할 일은 내 역할에 맞는 일을 해야 한다고 생각한다. 이러한 결정은 "새싹이 피기 위해서는 자리를 양보해야 하고 낙엽이 되어서는 다른 나무들과 숲을 자라게 하는 비료가 되어야 한다"라는 신념에 의거한 결심이기도 하다.

그동안 필자는 '홍원표의 지반공학 강좌'의 첫 번째 강좌로 『수평하중말뚝』, 『산사태억지말뚝』, 『흙막이말뚝』, 『성토지지말뚝』, 『연직하중말뚝』의 다섯 권으로 구성된 「말뚝공학편」 강좌를 집필·인쇄·완료하였으며, 두 번째 강좌로는 「기초공학편」 강좌를 집필·인쇄·완료하였다. 「기초공학편」 강좌에서는 『얕은기초』, 『사면안정』, 『흙막이굴착』, 『지반보강』, 『깊은기초』의 내용을 집필하였다. 계속하여 세 번째 「토질공학편」 강좌에서는 『토질역학특론』, 『흙의 전단강도론』, 『지반아칭』, 『흙의 레오로지』, 『지반의 지역적 특성』의 다섯 가지 주제의 책을 집필하였다. 네 번째 강좌에서는 필자가 은퇴 전에 직접 참여하였던 각종 연구 용역의 결과를 다섯 가지 주제로 나누어 정리함으로써 내 경험이 후일의 교육자와 기술자에게 작은 도움이 되도록 하고 싶다.

우리나라는 세계에서 가장 늦은 나이까지 일하는 나라라고 한다. 50대 초반에 자의든 타의든 다니던 직장에서 나와 비정규직으로 20여 년 더 일을 해야 하는 형편이다. 이에 맞추어 우리는 생각의 전환과 생활 패턴의 변화가 필요한 시기에 진입하였다. 이제 '평생직장'의 시대에서 '평생직업'의 시대에 부응할 수 있게 변화해야 한다.

올해는 세계적으로 '코로나19'의 여파로 지구인들이 고통을 많이 겪었다. 이 와중에서도 내 자신의 생각을 정리할 수 있는 기회를 신으로부터 부여받은 나는 무척 행운아다. 원래 위기는 모르고 당할 때 위기라 하였다. 알고 대비하면 피할 수 있다. 부디 독자 여러분들도 어려운 시기지만 잘 극복하여 각자의 성과를 내기 바란다. 마음의 문을 여는 손잡이는 마음의 안쪽에만 달려 있음을 알아야 한다. 먼 길을 떠나는 사람은 많은 짐을 갖지 않는다. 높은 정상에 오르기 위해서는 무거운 것들은 산 아래 남겨두는 법이다. 정신적 가치와 인격의 숭고함을 위해서는 소유의 노예가 되어서는 안 된다. 부디 먼 길을 가기 전에 모든 짐을 내려놓을 수 있도록 노력해야겠다.

모름지기 공부란 남에게 인정받기 위해 하는 게 아니라 인격을 완성하기 위해 하는 수양이다. 여러 가지로 부족한 나를 채우고 완성하기 위해 필자는 오늘도 집필에 정진한다. 사명이 주어진 노력에는 불가능이 없기에 남이 하지 못한 일에 과감히 도전해보고 싶다. 잘된 실패는 잘못된 성공보다 낫다는 말에 희망을 걸고 용기를 내본다. 욕심의 반대는 무욕이 아니라 만족이기 때문이다.

2023년 2월 '홍원표지반연구소'에서

저자 **홍원표**

『기초공사사례』
머리말

　요즈음 주변에서 지인들이 소리 없이 사라지는 일이 빈번하다. 일전에 건설기술연구원 부원장이던 홍성완 박사, 박태권 부원장의 부고를 받았을 때 몹시 황당하였는데, 얼마 전에 전 현대건설 사장과 LH공사 사장을 역임하였던 이지송 사장의 부음을 받았을 때도 몹시 슬펐다. 동시대의 희로애락을 같이 하던 이들이 나와 유명을 달리하였다는 사실 하나만으로도 외로움을 위로할 길이 없었다. 홍성완 박사와는 학문적으로 수없이 논쟁을 벌이면서 동반 성장을 하였으며 박태권 부원장과도 부드러운 인상만큼 위로와 격려를 많이 받았다. 또한 이지송 사장에게는 제자의 취직문제로 큰 신세를 진 바가 있었다.

　이 책을 집필하는 이런 와중에 사랑하는 제자 남정만 군의 부고 소식을 들어 내 마음이 더욱 아프다. 지난번 수자원공사 연구원이던 제자 김제홍군의 부고 이후 두 번째 듣는 제자의 부음이다. 내가 그렇게도 주장하던 일이 또다시 발생하였다. 평소 "제자가 스승보다 먼저 죽어서는 안 된다"라고 하였건만 황망하게도 사랑하는 제자 또 한 명이 유명을 달리하였다. 내가 너무 오래 사는 것 같아 미안한 마음이 든다. 사실 남정만 박사는 아직 사망할 나이가 아니다. 그러나 오랜 영어의 시기에 건강을 망쳐 식도암으로 고생을 하다 수술 후 항암치료 중에 사망한 듯하다. 그와의 지난 세월이 주마등처럼 떠올라 슬픈 마음을 달랠 길이 없다.

　아마도 한동안 이런 마음이 지속되겠지. 그가 제주대학교 교수로 재직 중인 인연으로 제주대학교에 1년간 국내교환교수로 재직하면서 제주도에서의 많은 추억을 쌓을 수 있었으며, 제주대학을 떠난 후에도 제주도를 방문할 때마다 그와 만나 식사와 많은 이야기를 나눌 수 있는 행운도 가질 수 있었다. 다만 이 책을 그들의 영정 앞에 놓고 헌정하고 싶을 뿐이다.

　이런 와중에 건설기술연구원의 전 기획실장이었던 윤수호 박사로부터 반가운 전화를 받은 것은 매우 감동적이고 기뻤다. 윤수호 박사가 교보문고에서 내 이름으로 검색을 하니 내가 그 동안 집필하였던 서적 목록이 전부 검색되어 기쁜 마음에 전화했다고 한다. 내가 원래 집필을 할 때 후일 윤 박사와 같이 무슨 목적에서든 독자(기술자)들을 위해 지금도 집필을 한다 하였던 필자의 생각과 다짐이 옳았던 것을 확인할 수 있어서 매우 기뻤다. 역시 내 생각이 틀리지 않았음을 확인시켜주는 전화였다.

윤수호 박사와는 윤 박사의 유학시절 '레오로지' 학문의 국내 검색으로 통화하고 인사를 받은 적이 있어서 서적을 통한 교류가 처음이 아니었지만 이렇게 우울할 때 힘을 받을 수 있는 교류를 갖게 된 것은 백만 대군의 응원군을 맞이하는 것 같아 매우 기뻤다. 윤 박사가 자신의 연구를 위해 국내 논문집을 검색할 때 내가 학회지에 투고한 글이 매우 큰 도움이 되었다고 하였다. 그 일은 '글이란 알아주는 사람이 반드시 있다'라는 내 신념을 확인시켜주는 일로 맺어진 인연이었다.

필자는 34년간의 중앙대학교 교수직을 마감하면서 '홍원표의 지반공학 강좌'를 집필하여 오고 있다. 이미 세 시리즈 15권을 완성하고 지금은 네 번째 시리즈인 「건설사례」 편을 집필하고 있다. 이 「건설사례」 편 집필의 일환으로 이번에 세 번째 주제인 『기초공사사례』를 집필하게 되었다.

최근 우리나라에서는 고도의 산업 발전과 도심지의 인구집중에 따른 건축물의 대형화가 점차 증대되고 있다. 이러한 과정에서 건축물의 효율적인 이용을 위하여 기초의 형태도 매우 다양하고 문제도 많이 발생하고 있다. 앞으로도 대규모 건축 구조물을 축조하기 위한 기초의 안전한 설계 및 시공은 증가할 추세에 있다.

이 서적에서는 제13장에 걸쳐 건설 구조물의 축조과정에서 발생한 제반 기초안전 관련 문제점을 취급하였다. 즉, 기초 축조 과정에서 발생하거나 적용한 기초의 형태에 대하여 설명하였다.

본 서적에서는 전체 13장 중 제1장에서 제7장까지는 인발에 관련된 문제를 취급하였다. 먼저 최근 기초의 인발 방지 및 기초보강을 위하여 많이 적용되는 마이크로파일에 대하여 설명하였다. 여기서 마이크로파일은 다양한 형태로 활용되므로 이들 다양한 형태의 마이크로파일의 인발저항기구를 설명하였다. 특히 제5장에서는 영등포 역사에 우리나라에서 처음 적용한 마이크로파일의 설계 및 시공기술에 대하여 상세하게 설명하였다. 제6장에서는 사질토 지반에 시멘트밀크를 주입하여 조성한 매입말뚝의 지지기구(인발기구)에 대해서도 설명하였다.

한편 제7장에서는 마이크로파일의 인발저항기구를 지하수위가 높게 존재하는 지반 속에 설치된 지중연속벽에 활용 적용한 경우의 이론적 실험적 발생기구를 설명한다. 이 연구는 마이크로파일의 인발저항에 관한 이론적 메커니즘을 지중연속벽의 인발저항에 적극적으로 적용하려는 한 가지 시도이다.

제8장에서는 시공 중 균열이 발생한 연도교(팔금도~기좌도 간)가설공사 하부기초의 보강 방법에 대하여 설명한다. 또한 제9장에서는 융기지반에 설치된 건축물의 기초바닥 균열문제를 보강하는 방안을 설명한다. 마지막으로 제10장과 제11장에서는 지하옹벽과 도로횡단 박스에 발생한 균열에 대하여 원인규명과 보강방안을 설명한다, 즉 지하옹벽에 발생한 각종 균열과 도로횡단 박스에 발생한 종·횡단 균열의 발생 원인과 보강 대책을 설명한다.

또한 제12장과 제13장에서는 각각 공장건물과 아파트 신축공사 시 발생한 기초설계문제와 말뚝기초 보강 대책에 대하여 기술한다. 먼저 제12장에서는 전남 영암군 삼호면 용당리 해안에 인접하여 위치하는 공장의 부지 내에 엔진/터빈공장(327×140m) 및 중제관/보일러 공장(297×130m) 등 공장건물 2개 동의 신축을 위한, 합리적인 기초설계방안을 제시하였다. 그리고 제13장에서는 마산시 중앙동에 신축하는 아파트 기초말뚝의 부족한 말뚝지지력을 보강해줄 수 있는 말뚝기초 보강방안을 제시하였다.

마이크로파일의 인발저항의 이론해석과 관련된 기초공사사례에서는 캄보디아 유학생으로 우리 연구실에 들어와 열심히 연구하고 귀국한 나의 최초의 해외 유학생 제자인 침니타 군의 공이 아주 컸음을 밝혀두는 바다. 그 외에도 김해동 씨와 조삼덕 씨의 공도 컸음을 밝혀두는 바다. 또한 홍익대학교의 김홍택 교수에게서 받은 많은 조언은 필자가 본 연구를 수행하는 데 아주 큰 도움이 되었다.

끝으로 이번 강좌에서 원고 정리에 아내의 도움을 크게 받아 강좌를 무사히 마칠 수 있었음을 밝히며 아내에게 고마운 마음을 여기에 표하고자 한다.

2024년 2월 '홍원표지반연구소'에서

저자 **홍원표**

Contents

모래지반 속 마이크로파일의 인발저항력에 관한 모형실험

Chapter 01

모래지반 속 마이크로파일의 인발저항력에 관한 모형실험

1.1 서론

송전탑, 높은 굴뚝, 해상구조물 등에 사용되는 기초말뚝은 압축하중과 횡하중뿐만 아니라 인발하중도 받게 되므로 종래의 연구 결과만으로는 실제 설계에 적용하기가 곤란하다.[8] 이와 같이 말뚝기초 위에 축조된 상부구조물의 안정성을 보다 정확히 평가하기 위해서는 말뚝기초의 인발저항도 산정할 수 있어야 한다.[1,4,9]

현재 사용되는 말뚝기초에 작용하는 하중은 축방향으로의 압축하중, 인발하중과 횡방향으로의 하중 중에 하나거나 이들 하중의 조합으로 볼 수 있다. 말뚝이 압축하중을 받을 때는 말뚝의 지지력으로 선단지지력과 주면마찰저항력을 모두 고려하지만 인발하중을 받을 때는 선단지지력은 발휘되지 않는다.

따라서 인발저항력의 크기가 압축저항력의 크기에 비해 비슷하거나 약간 작은 경우라도 기초의 크기와 형태를 결정하는 요인은 인발력이 될 것이다. 더구나 최근 인발력을 받는 해안구조물이 많이 건설되는 추세임을 볼 때 말뚝의 인발저항력에 대한 연구는 보다 많이 실시되어야 한다.

이러한 말뚝의 인발저항에 관한 연구는 지하수위가 높은 곳에 설치되는 기초말뚝의 부력저항 설계에도 유익하게 활용될 수 있다.[11] 또한 인발력에 효과적으로 저항할 수 있는 말뚝으로는 각종 말뚝이 사용 가능하다. 이들 말뚝 중 최근 마이크로파일이 여러 가지 목적으로 사용될 수 있어 활용도가 증대되고 있으므로 인발저항말뚝으로도 사용할 수 있다.

마이크로파일은 원래 압축력을 지지하는 데 주로 사용되고 있다. 그러나 마이크로파일은 직경이 작고 길이가 긴 구조체로 세장비가 크므로 압축력을 받을 경우는 좌굴에 대하여 불안한 구조로 되기 때문에 구조적인 특징으로 보아서 마이크로파일은 압축력보다는 오히려 인장력에 더 효과적인 것으로 생각된다.

이와 같이 마이크로파일을 인발말뚝으로 활용하면 매우 효과적인 인발말뚝으로 작용할 수 있고, 여기에 인발저항력을 더 증대시킬 수 있는 방안을 고안한다면 더욱 효과적인 인발말뚝으로 활용할 수 있을 것이다.

본 연구에서는 이러한 필요성을 충족시키기 위하여 실내 모형실험을 실시하여 사질토지반에서의 마이크로파일의 인발력과 변위량 사이의 관계를 관찰하고, 기존의 예측치 및 실험치를 비교·분석하여 신뢰성 있는 자료를 제시하고자 한다. 즉, 실내 모형실험을 통하여 얻은 하중-변위 직선을 분석하여 지반의 상대밀도를 변화시킨 상태에서 얻은 변위량 및 항복하중을 기존의 예측 시와 비교·분석하고자 한다.

결국 본 연구를 실시하여 얻은 결과에 의거하여 인발력을 받는 마이크로파일의 설계에 필요한 제반 기준과 참고자료를 얻고자 하는 것이 본 연구의 궁극적인 목적이다.[2]

1.2 기존 연구

말뚝의 인발저항력은 그림 1.1의 개략도에 도시된 바와 같이 말뚝 주변에서 마찰저항력에

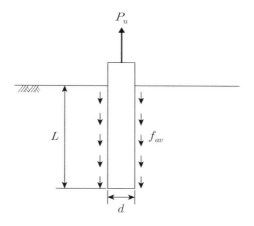

그림 1.1 말뚝의 인발저항 개략도

의하여 발휘된다. 일반적으로 말뚝의 인발저항력을 구하는 방법으로는 인발저항력 산정공식에 의한 방법과 직접인발실험에 의한 방법으로 구분한다.

우선 Meyerhof(1973)의 한계마찰이론[10]에 의하면 모래지반 내에서의 말뚝의 인발저항력은 말뚝 표면과 지반 사이의 마찰력에 의존하게 되므로, 말뚝에 대한 인발저항력 P_u는 다음 식으로 표현할 수 있다.

$$P_u = f_{av} \cdot \pi dL = \left(\frac{1}{2}\gamma L \cdot K_u \tan\delta\right)\pi dL \tag{1.1}$$

여기서, δ는 지반과 말뚝 사이의 마찰각이고 γ는 모래의 단위중량이다. d와 L은 각각 말뚝의 직경과 길이며 f_{av}와 K_u는 평균단위마찰력과 말뚝의 인발계수다.

식 (1.1)에 의하면 평균단위마찰력 f_{av}는 말뚝의 관입깊이 L의 증가에 따라 선형적으로 증가하는 것으로 표현되어 있다. 그러나 이 실험식을 사용하려면 지반과 말뚝 사이의 마찰각 δ와 인발계수 K_u를 정확히 산정해야 한다.

Meyerhof(1973)[10]는 그림 1.2와 같이 원형 말뚝에 대한 $K_u - \phi$의 관계도를 제시하여 인발 저항력을 산정하도록 하였다. 말뚝의 인발계수 K_u는 그림 1.2에서 보는 바와 같이 지반의 내부마찰각 ϕ가 증가할수록 증가하는 거동을 보이고 있다.

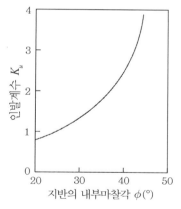

그림 1.2 ϕ에 대한 K_u의 변화(Meyerhof, 1973)[10]

한편 Chattopadhyay & Pise(1986)는 말뚝주위 지반 내의 파괴면을 그림 1.3과 같이 가정하고,[5] 그 파괴면에서 극한평형상태를 고려하여 인발저항력을 식 (1.2)와 같이 산정하였다. 그러므로 말뚝의 전체 인발저항력 P_u는 식 (1.2)와 같다.

$$P_{u(gross)} = \int_0^L dP = \gamma \pi dL \int_0^L \frac{2x}{d}\left(1 - \frac{Z}{L}\right)[\cot\theta + (K\sin\theta)\tan\delta]dZ \qquad (1.2)$$

$$= A\gamma\pi l^2$$

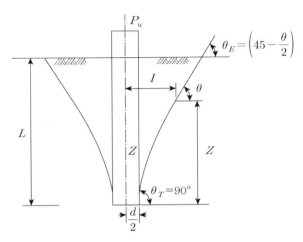

그림 1.3 말뚝과 지중파괴면[5]

여기서,

$$A = \frac{1}{L}\int_0^L \frac{2x}{d}\left(1 - \frac{Z}{L}\right)[\cot\theta + (\cos\theta + K\sin\theta)\tan\delta]dZ \qquad (1.3)$$

순인발저항력 P_u는 다음과 같이 된다.

$$P_u = A\gamma\pi l^2 + \frac{\pi d^2}{4}\gamma L = \gamma\pi dL^2\left(A - \frac{1}{4\lambda}\right) = A_1\gamma\pi dL^2 \qquad (1.4)$$

여기서, $A_1 = A - \dfrac{1}{4\lambda}$ 이며 말뚝의 관입비 $\lambda = L/d$이다.

일반적으로 인발저항력 P_u는 식 (1.5)와 같이 나타낼 수 있다.

$$P_u = \text{단위표면마찰력} \times \text{관입면적} = f \cdot \pi d L \tag{1.5}$$

그러므로 단위마찰력 f는 식 (1.4)와 (1.5)로부터 구하면 식 (1.6)과 같다.

$$f = A_1 \gamma L = A_1 \gamma \lambda d \tag{1.6}$$

따라서 말뚝중심축으로부터 임의의 거리 x만큼 떨어진 위치에서 파괴면 및 말뚝의 순인발저항력 P_u는 지반과 말뚝의 마찰각 δ, 관입길이 L, 말뚝직경 d 그리고 흙의 단위중량 γ만의 함수로 구해진다.

또한 Das et al.(1977)은 지반 내 말뚝이 인발력을 받을 때 지표면으로부터 z만큼의 깊이에서 말뚝주면에 발생하는 단위마찰력 f를 식 (1.7)과 같이 나타내었다.[8]

$$f = K_u \tan \delta \cdot \gamma \cdot z \tag{1.7}$$

따라서 말뚝의 인발저항력은 식 (1.8)과 같이 된다.

$$P_u = \int_0^L p \cdot f \, dz \tag{1.8}$$

여기서, P는 말뚝의 주면길이(πd)다.

Das & Seely(1975)의 실험에 의하면 단위마찰력 f는 말뚝의 관입비 $\lambda(L/d)$가 증가할수록 선형적으로 증가하다가 어느 한계값 이상에서는 일정한 값에 도달한다.[7] 단위마찰력 f가 일정한 값에 도달하는 관입깊이비를 한계관입비(λ_{cr})라고 하며, 상대밀도(D_r)에 따라 다음 식으로 구하도록 하였다.

$$\lambda_{cr} = 0.156 D_r + 3.85 \qquad\qquad (D_r < 70\%) \qquad\qquad (1.9a)$$

$$\lambda_{cr} = 14.5 \qquad\qquad (D_r \geq 70\%) \qquad\qquad (1.9b)$$

그러므로 인발저항력 P_u는 λ의 함수로 다음과 같이 구해진다.

$$P_u = \int_0^L p(K_u \tan\delta \cdot \gamma \cdot z)dz \qquad\qquad (1.10a)$$

$$= \frac{1}{2} p\gamma L^2 K_u \tan\delta$$

$$(\lambda < \lambda_{cr} \text{일 때})$$

$$P_u = \int_0^L p(K_u \tan\delta \cdot \gamma \cdot z)dz + \int_{L_{cr}}^L p \cdot f dz \qquad\qquad (1.10b)$$

$$= \frac{1}{2} p\gamma L^2 K_u \tan\delta + p\gamma L_{cr} \tan\delta(L - L_{cr})$$

$$(\lambda \geq \lambda_{cr} \text{일 때})$$

Das & Seely(1975)[7]의 실험식은 기본적으로 Meyerhof(1973)[10]의 이론식과 같다. 인발저항력 P_u는 ($\lambda < \lambda_{cr}$)인 경우 Meyerhol의 이론식과 같아지며 ($\lambda \geq \lambda_{cr}$)인 경우 Meyerhof의 예측치보다 다소 작게 계산된다. 한편 인발계수 K_u값은 ϕ의 관계로 정리된 그림 1.2를 활용하여 산정할 수 있다. 또한 상대밀도에 따른 내부마찰각은 다음의 식 (1.11)로 나타낼 수 있다.[3]

$$\phi = 30 + 0.15 D_r \qquad\qquad (1.11)$$

말뚝과 지반 사이의 마찰각 δ는 그림 1.4에서와 같이 D_r과 ϕ의 관계로부터 구해지며 상대밀도가 약 80%가 되면 $\delta \fallingdotseq \phi$가 된다.

사질토지반에서 지반아칭현상으로 인하여 단위마찰력 f는 어느 깊이에서 한계값에 도달하나 일반적으로는 관입비 $\lambda(L/d)$에 따라 선형적으로 증가한다. 인발마찰표면계수 K_u는 대략 말뚝의 관입비가 $11.5d$ 이상이면 일정하게 된다.

그 밖에도 Chaudhury & Symons(1983)[6]는 말뚝의 표면처리 및 모형지반 조성 방법은 Das & Seely(1975)[7]의 실험 방법과 동일하게 하고 인발실험장치 및 모형말뚝의 치수를 변화시켜 실험을 수행하였다.

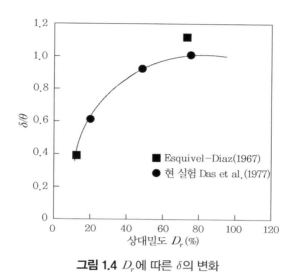

그림 1.4 D_r에 따른 δ의 변화

1.3 모형실험

1.3.1 사용시료

모형실험에 사용된 시료는 #40체를 통과한 주문진표준사를 사용하였다. 모래지반의 상대밀도는 느슨한 경우와 조밀한 경우를 대상으로 하여 각각 40%와 80%로 정하였다.

(1) 물리적 특성

본 실험에서 사용되는 주문진표준사의 최대건조밀도 $\gamma_{d_{\max}}$ 는 1.68kg/cm³, 최소건조밀도 $\gamma_{d_{\min}}$ 은 1.45kg/cm³로 구해졌다.

여기서, 최대건조밀도 $\gamma_{d_{\max}}$ 는 다짐시험으로 구하였으며, 최대건조밀도 $\gamma_{d_{\max}}$ 는 ASTM 규정에 의거하여 구하였다. 즉, 직경 10cm, 높이 18cm, 몰드 및 직경 12.7mm(0.5inch)의 깔때기를 이용하여 구하였다. 시료를 약 25.4mm(1inch) 높이에서 깔때기를 통하여 낙하시켜 몰드에 채운 후 몰드의 부피로 시료의 중량을 나누었다. 또한 본 실험에서 사용된 주문진표준사의 비중 G_s는 2.65며, 입자직경에 따른 중량통과백분율(D_{10}, D_{30}, D_{60})로부터 구한 곡률계수는 1.78, 균등계수(C_u)는 0.9로 산정되었다.

(2) 전단강도특성

시료의 전단강도정수를 산정하기 위하여 영국 ELE에서 제작한 삼축압축시험기를 이용하여 변형률제어방식으로 압밀배수(CD)삼축시험을 실시하였다.

원하는 지반의 상대밀도를 얻기 위하여 자유낙하법으로 모래지반 공시체를 제작하였다. 구속응력은 0.4, 0.6, 0.8 및 1.6kg/cm²의 네 경우에 대하여 등방압밀로 체적변화를 종료시킨 후 전단을 실시하였다. 일반적으로 사질토는 압밀배수시험 시 하중재하속도가 전단특성에 별다른 영향을 미치지 않는 것으로 알려져 있으므로 본 실험에서는 0.2%/min의 전단변형속도로 연직변위제어를 실시하였다.

상대밀도 D_r가 40%, 80%인 공시체에 대하여 각각의 축차응력 - 축변형률과의 관계 및 체적변형률 - 축변형률과의 관계를 도시하면 그림 1.5부터 1.8과 같다.

즉, D_r = 40%인 경우는 그림 1.5에서와 같이 축변형률이 증가하는 동안 축차응력이 계속 증가 후 일정한 값을 가지는 거동이 나타났다.

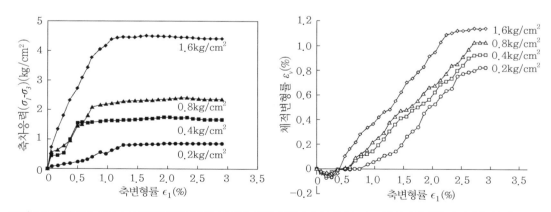

그림 1.5 상대밀도 40% 공시체에 대한 응력–변형률 거동 **그림 1.6** 상대밀도 40% 공시체에 대한 체적변형–축변형 거동

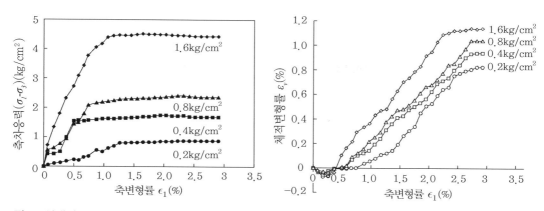

그림 1.7 상대밀도 80% 공시체에 대한 응력-변형률 거동 **그림 1.8** 상대밀도 80% 공시체에 대한 체적변형-축변형 거동

한편 $D_r = 80\%$인 경우는 그림 1.7에서와 같이 구속응력이 작을 때는 $D_r = 40\%$인 경우와 같은 경향이 보이지만 높은 구속응력에 근접할수록 파괴점을 지나 응력이 감소하는 거동이 나타났다.

상대밀도에 따른 강도정수 ϕ와 c값은 Mohr의 응력원과 $p-q$ 그래프를 사용하여 구했으며 그 결과는 표 1.1과 같다.

표 1.1 삼축시험 결과에 따른 모형시료의 강도정수

상대밀도(D_r)	내부마찰각(ϕ)	점착력(c)	파괴경사각($\tan\alpha$)
40%	34.5°	0	0.60
80%	44.0°	0	0.69

표 1.1에서 보는 바와 같이 내부마찰각(ϕ)은 $D_r = 40\%$일 때 34.5°, $D_r = 80\%$일 때 44.0°로 산정되어 $p-q$ 그래프로부터 내부마찰각(ϕ)을 구한 시험 결과와 비교적 잘 일치함을 알 수 있다. 한편 그림 1.9와 1.10은 상대밀도가 각각 40%와 80%인 공시체로 사용한 모래시료에 대하여 실시한 직접전단시험 결과다.

직접전단시험기는 영국 ELE에서 제작된 시험기를 사용하였으며 전단상자는 원형으로 직경은 60mm, 높이는 40mm(상부 전단상자 20mm, 하부 전단상자 20mm)다. 연직응력은 응력제어방식으로 추를 사용하여 일정한 하중을 재하하고 전단응력은 변형률제어방식으로 재하를 실시하였다. 즉, 상대밀도 40%, 80%인 공시체에 대하여 연직응력을 0.4, 0.6, 0.8 그리고 1.6kg/cm² 로 한 네 경우에 대한 전단시험을 수행하였다. 그림 1.9에서 보는 바와 같이 $D_r = 40\%$인 공시체

일 때는 파괴 이후 응력이 일정해지는 경향이 나타났다. 한편 $D_r = 80\%$인 공시체일 때는 항복응력 이후 급격히 전단응력이 저하되는 경향이 나타났다.

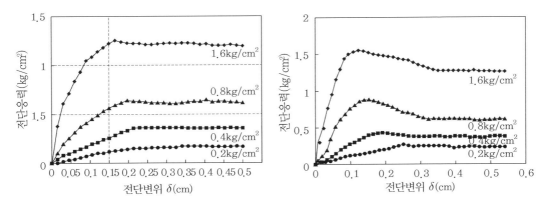

그림 1.9 상대밀도 40% 공시체에 대한 전단응력–전단변위 거동(직접전단시험)

그림 1.10 상대밀도 80% 공시체에 대한 전단응력–전단변위 거동(직접전단시험)

그림 1.11과 1.12는 이들 전단시험 결과 측정된 최대전단응력과 연직응력 사이의 관계를 도시한 그림이다. 이들 그림으로부터 구한 모형지반의 강도정수는 표 1.2와 같다.

표 1.2에서 보는 바와 같이 내부마찰각은 상대밀도가 40%와 80%일 때 각각 38.0°와 47.5°로 구해졌다. 이는 삼축압축시험의 ϕ값보다 약 3~3.5° 크게 나타난 값이다.

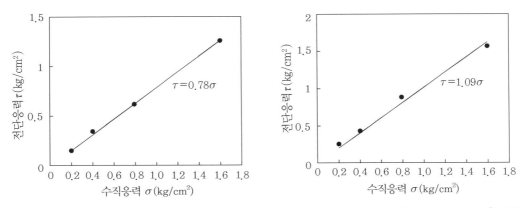

그림 1.11 상대밀도 40%에 대한 연직응력–전단응력 관계

그림 1.12 상대밀도 48%에 대한 연직응력–전단응력 관계

표 1.2 직접전단시험 결과에 따른 모형지반의 강도정수

상대밀도(D_r)	내부마찰각(ϕ)	점착력(c)	파괴경사각($\tan\alpha$)
40%	37.95°	0	0.78
80%	47.47°	0	1.09

이러한 원인은 직접전단시험 시 상하 양 전단상자에 발생하는 전단상자 내 모래시료의 수평 파괴면에서의 전단응력 분포가 불균일하여 단부에 응력이 집중하므로 내부마찰력이 상대적으로 증가되었기 때문으로 사료된다.

이상에서와 같이 삼축압축 및 직접전단시험을 수차례 수행한 결과 직접전단시험의 결과보다 삼축압축시험 결과치의 오차 폭이 더 적게 나타나므로 본 모형지반의 강도정수 값으로 삼축압축시험 결과를 사용하고자 한다.

1.3.2 모형지반

일정한 밀도의 모래지반을 만들기 위해 부피가 일정한 용기에 10cm씩 높이를 증가시킨 후 자유낙하법을 사용하여 모형지반을 형성하였다. 그림 1.13은 낙하고 변화에 따른 상대밀도를 조사한 결과다.

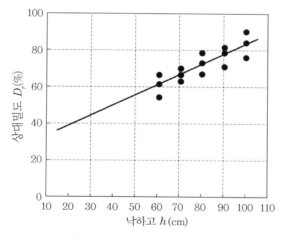

그림 1.13 낙하고에 따른 상대밀도[1]

즉, 이 실험의 평균치를 산정하면 식 (1.12)와 같은 식으로 표현할 수 있다. 이 식은 낙하고 h에 따른 상대밀도 D_r과의 상관식이므로 낙하고를 각각 22cm 및 92cm로 유지하였을 때 시료의 상대밀도는 40% 및 80%로 산정된다.

$$D_r = \frac{h}{h_0} + 27.43 \tag{1.12}$$

여기서, D_r = 상대밀도(%)

$\quad\quad\quad h$ = 낙하고(cm)

$\quad\quad\quad h_0$ = 1,754cm

1.3.3 모형실험장치

(1) 모형토조와 모형말뚝

모형토조는 두께 1cm의 투명아크릴로 제작하였으며 크기는 그림 1.14에서와 같이 80×80×80cm의 정육면체 형태로 제작하였다.

시료의 무게로 인하여 토조 측면이 횡방향으로 팽창 파손되는 것을 방지하기 위해 폭 4cm의 강철 사각 파이프로 측면을 보강·구속하였다.

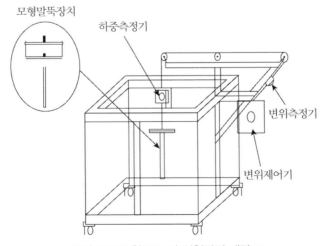

그림 1.14 모형토조 및 실험장치 개략도

본 모형실험에 사용한 말뚝 인발용 강선의 직경은 1mm며 인발변위측정기는 0.01mm까지 측정이 가능하다. 하중측정기는 최대용량이 100kg이며 1/1,000kg까지 표시할 수 있다.

본 실험에 사용되는 모형말뚝은 직경 20mm, 길이 480mm의 아크릴제 원형 봉으로 지반의 마찰각 ϕ와 말뚝과 지반과의 마찰각 δ를 같게 하기 위하여 말뚝의 표면에 접착제를 바른 후 모래를 말뚝 표면에 접착하여 사용하였다.

(2) 인발장치

모형지반에 관입된 마이크로파일을 인발하기 위하여 두께 1mm의 강선을 모형말뚝장치의 고리에 연결하고 하중측정기를 장착한 후 일정한 속도로 연직으로 인발하여 모형말뚝의 인발저항력을 하중측정기를 사용하여 측정하였다.

본 실험에 사용되는 인발장치는 변위제어기로 강선에 연결된 모형말뚝장치를 0.5mm/min의 속도로 끌어올려 이때의 힘을 하중측정기로 측정하는 장치다. 즉, 인발변위를 발생시켜 하중을 측정하는 변형제어방식을 채택하였다.

상대밀도가 40%, 80%로 조성된 각각의 지반을 대상으로 천공판 중심에 말뚝을 설치하여 관입비 $\lambda(= L/d)$를 5~24까지 변화시킨 일련의 설치상태에서 상방향 연직변위에 따른 인발하중 P_u(kg)를 측정한다. 이 인발하중으로부터 단위마찰저항력을 산정하고 각 상대밀도에 따른 한계관입비(λ_{cr})를 산정한다.

모형실험의 순서는 다음과 같다.

① 모형토조에 모형말뚝을 중심을 통하도록 강선에 모형말뚝을 연결시켜 소정의 관입깊이가 되도록 조정·설치한다.
② 모래를 소정의 상대밀도가 얻어질 수 있도록 낙하고를 조정하여 자유낙하법에 의한 모형지반을 조성한다.
③ 하중측정기 및 변위측정기를 설치하고 초기화시킨 후 변위제어장치를 작동시켜 강선을 들어올린다.
④ 모형말뚝에 일정한 변위를 주었을 때의 인발변위와 인발하중을 측정한다.

1.4 실험 결과 및 고찰

본 절에서는 말뚝의 인발시험 시 말뚝의 관입비 $\lambda(=L/d)$에 따른 인발하중과 단위마찰력 f와의 관계를 규명하고 이를 통하여 한계관입비 λ_{cr}을 관찰하고자 한다.

또한 상대밀도에 따른 인발저항력의 실측치를 기존에 제안된 정역학적인 방법인 Das et al. (1977),[8] Chattopadhyay & Pise(1986),[5] Meyerhof(1973),[10] Chaudhury & Symons(1983)[6]의 제안식에 의한 예측치와 비교·분석함으로써 말뚝의 한계관입비를 조사해본다.

상대밀도 40%, 80%로 조성된 모래지반을 대상으로 말뚝의 관입비 λ를 5~24까지 변화시켜 설치한 후 인발하중을 가하여 각 관입비에 따른 인발력 P_u(kg)를 측정하였다.

단위마찰력(kg/cm²)은 이와 같이 측정된 인발저항력을 각 관입비에 해당하는 말뚝의 표면적 (cm²)으로 나누어 구하였다.

우선 그림 1.15는 상대밀도 40%, 80%로 조성된 모래지반을 대상으로 말뚝의 관입비 λ를 5~24까지 변화시켜 설치한 후 실시한 인발시험의 결과다.

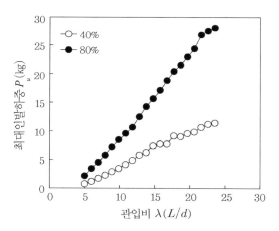

그림 1.15 관입비와 최대인발하중의 관계

각각의 관입비에 대하여 최대인발하중을 측정하여 정리한 결과로 관입비가 큰 경우일수록 최대인발하중은 증가하고 있음을 알 수 있다. 그러나 어느 정도의 관입비보다 커지면 최대인발 하중의 증가 속도가 낮아짐을 알 수 있다.

이는 말뚝의 인발저항력에 영향을 미치는 관입비에 한계가 있음을 의미한다. 따라서 근입심도가 어느 한도에 도달하면 인발저항력의 발생기구가 변하는 한계근입비가 존재함을 의미한다고 할 수 있다.

1.4.1 인발저항력

그림 1.16은 각 관입비(λ 5～24)마다 최대인발하중이 작용하였을 때 말뚝이 움직인 연직변위량을 말뚝의 관입깊이 L에 대한 백분율 ϵ_p로 표시하였다.

이 실험 결과에 의하면 일반적으로 최대인발하중은 말뚝의 인발변위가 2.3%일 때 발생하는 것을 알 수 있다. 그러나 상대밀도 40%인 경우는 각 관입비마다 말뚝의 관입깊이에 최소 2.08%에 해당하는 변위부터 최대 2.29%의 변위까지 평균 2.22% 변위에서 최대인발하중값 P_u가 측정되었다. 상대밀도 80%인 경우는 최소 2.08%부터 최대 2.4%까지 평균 2.31%변위에서 측정되었다. 이와 같이 상대밀도가 큰 지반일수록 인발변위가 약간 크게 나타나고 있으나 그 차이는 그다지 크다고 할 수는 없다.

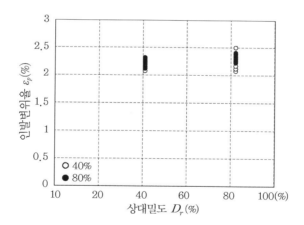

그림 1.16 최대인발하중 발생 시 인발변위

지반의 상대밀도가 조밀(D_r = 80%)하고 느슨(D_r = 0%)할 때로 나누어 모형말뚝의 인발실험을 수행한 결과를 그림 1.17과 1.18에 나타내었다.

그림 1.17에서 보는 바와 같이 느슨한 상태에서의 인발하중 P는 Chattopadhyay & Pise(1986)[5]의 예측치가 모형실험의 실험치보다 상당히 크게 예측되었다. 관입비 λ = 20 이후로는 실험치와

Meyerhof(1973)[10]의 예측치가 유사한 값을 가짐을 보이고 있으나 Meyerhof(1973) 및 Das et al.(1975)[7]의 예측치는 다소 작게 예측되는 경향을 보였다.

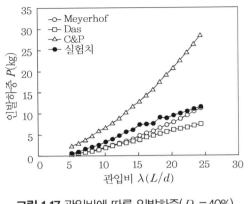

그림 1.17 관입비에 따른 인발하중(D_r=40%)

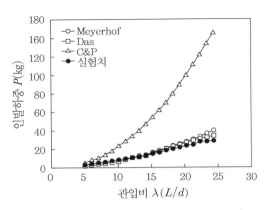

그림 1.18 관입비에 따른 인발하중(D_r=80%)

한편 조밀한 상태에서도 역시 인발하중 P의 실험치는 Chattopadhyay & Pise(1986)의 예측 치보다 상당히 작게 측정되었다.

반면에 Meyerhof(1973) 및 Das et al.(1975)의 예측치는 느슨한 지반과는 달리 실험치와 거의 비슷한 값을 보이고 있다. 특히 관입비 λ=15까지는 실험치와 Meyerhof(1973) 및 Das et al.(1975)의 예측치가 거의 동일한 거동을 보이다가 그 이후로는 두 이론치가 실험치보다 약간 적게 예측됨을 알 수 있다. 결국 Chattopadhyay & Pise(1986) 식은 지반의 밀도에 상관없이 실제의 인발저항력을 상당히 크게 산정함을 알 수 있고, Meyerhof(1973) 식 및 Das et al.(1975) 식은 상대밀도에 다소 영향을 받기는 하지만 대체적으로 실험치를 잘 예측하고 있다고 할 수 있다.

1.4.2 단위마찰력

(1) 실험 결과

그림 1.19는 그림 1.15에 도시된 최대인발하중의 측정치 P_u를 관입깊이에 해당하는 표면적으로 나눈 단위마찰력 f를 관입비 λ에 따라 도시한 결과다. 이 그림에 의하면 상대밀도 40% 및 80% 모두 단위마찰력이 관입비 λ와 비례관계로 증가하다가 어느 관입비에 도달한 이후로는 더 이상 단위마찰력이 증가하지 않음을 볼 수 있다. 단, 여기서 구한 단위마찰력은 말뚝의 전체

길이에 걸친 평균단위 마찰력에 해당한다고 할 수 있다.

　이는 말뚝의 근입심도는 깊을수록 단위마찰력은 선형적으로 증가하지만 어느 깊이 이상 말뚝이 깊게 설치되면 더 이상 선형적으로 증가하지 않고 수렴 혹은 감소하게 되는 한계가 존재함을 의미한다. 여기서 이와 같이 단위마찰(f)이 증가하지 않는 부분의 관입비(λ)를 한계관입비(λ_{cr})라 할 수 있다.

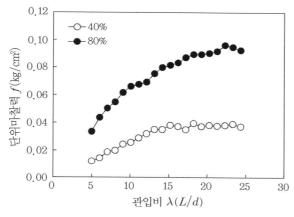

그림 1.19 관입비와 단위마찰력의 관계

(2) 실험치와 예측치의 비교

　그림 1.20과 1.21은 상대밀도가 각각 40%와 80% 상태에서 실시한 모형실험으로 구한 단위마찰력 실험치와 기존의 여러 이론식에 의한 예측치를 비교한 결과다.

　상대밀도가 40%일 때의 관입비에 따른 단위마찰력의 변화는 그림 1.20에서 보는 바와 같다.

　Chattopadhyay & Pise(1986)의 단위마찰력의 예측치는 실험치와 상당한 차이를 보이고 있으며, Meyerhof(1973) 및 Das et al.(1975)의 예측치는 실험치보다 다소 작음을 알 수 있다.

　반면에 Chaudhury & Symons(1983)의 예측치는 실험치와 거의 일치하는 결과를 보인다.

　또한 Meyerhof(1973) 및 Das et al.(1975)의 단위마찰력의 예측치는 관입비 λ가 11에 이르기까지는 서로 동일한 값을 보이다가 관입비 $\lambda = 11$ 이상에서 Meyerhof(1973)의 예측치가 Das et al.(1975)보다 크게 산정되고 있다.

　단위마찰력의 실험치는 관입비가 증가함에 따라 증가하지만 관입비 15 이상에서는 수렴하고 있음을 알 수 있다.

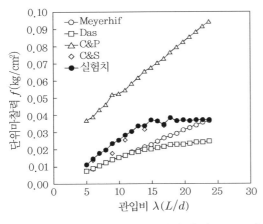 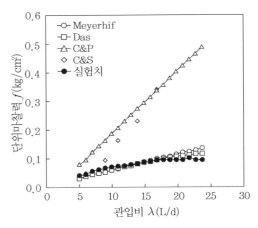

그림 1.20 관입비에 따른 단위마찰력 비교(D_r=40%)   **그림 1.21** 관입비에 따른 단위마찰력 비교(D_r=80%)

한편 모형지반의 상대밀도가 80%일 때 관입비에 따른 마찰력의 변화는 그림 1.21에서 보는 바와 같이 단위마찰력의 실험치는 Chaudhury & Symons(1983)의 예측치 및 Chattopadhyay & Pise(1986)의 예측치와 큰 차이를 보이지만 Meyerhof(1973) 및 Das et al.(1975)의 예측치는 본 모형실험의 실험치와 거의 비슷한 결과를 보이고 있다. 특히 관입비 $\lambda \fallingdotseq 15$인 경우는 실험치와 예측치가 일치하고 있음을 알 수 있다.

1.4.3 한계관입비

앞에서 언급한 바와 같이 실험치와 유사한 거동을 보인 Das et al.(1975)과 Meyerhof(1975)의 이론치는 관입비가 증가할수록 초기에는 평균단위마찰력이 선형적으로 증가하지만 일정한 관입비 이상에서는 더 이상의 큰 증가를 보이지 않음을 알 수 있었다. 이러한 현상의 이유로 Vesic(1972)[11]은 모래의 아칭현상을 들고 있다.

그림 1.22에서와 같이 지반의 조건(ϕ)과 말뚝치수(d, L) 및 말뚝표면조건(δ)의 변화에 따라 말뚝의 관입길이 L이 한계관입깊이 L_{cr}과 $L < L_{cr}$인 경우는 말뚝의 인발로 인한 모래아칭의 영향을 고려하여 인발저항력이 산정되지만 그 이상의 관입깊이, 즉 $L > L_{cr}$ 경우는 말뚝표면과 지반 사이의 마찰력만으로 인발저항력이 산정되기 때문이다.

$L > L_{cr}$인 경우 말뚝의 인발실험 결과를 상대밀도에 따라 그림 1.23 및 1.24와 같이 도시하였다. 그림에서 보는 바와 같이 그래프의 변곡점을 중심으로 양쪽 곡선에 접선을 그어 각 접선의

교점을 항복하중 값으로 취하고 이 부분에 해당하는 관입비를 한계관입비(L_{cr})로 나타내었다.

먼저 상대밀도 40%일 때의 한계관입비를 그림 1.23에 표시하였다. 관입비에 따른 단위마찰력이 수렴하는 경향을 자세히 관찰하기 위하여 반대수 그래프에 도시한 점들을 회귀분석하여 2차 곡선으로 표시하였다.

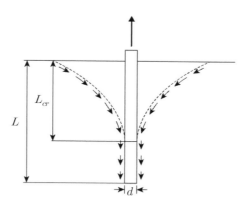

그림 1.22 인발말뚝의 한계관입비

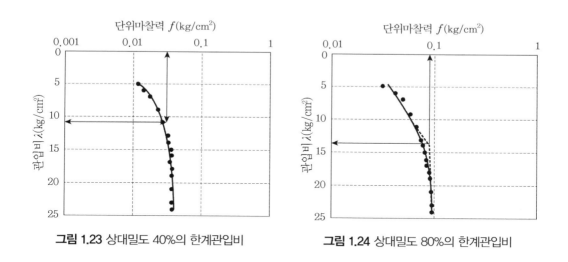

그림 1.23 상대밀도 40%의 한계관입비   **그림 1.24** 상대밀도 80%의 한계관입비

두 접선을 그어 교차하는 점을 변곡점으로 하면 이 부분에 해당하는 관입비가 한계관입비 L_{cr}가 되며, 이 지점에서의 단위마찰력은 한계단위마찰력 f_{cr}이 된다. 그러므로 상대밀도 40%인 경우의 한계관입비는 $L ≒ 11$이며 이때의 한계단위마찰력 $f_{cr} ≒ 0.05\text{kg/cm}^2$로 결정된다.

한편 그림 1.24는 상대밀도 80%일 때의 한계관입비와 한계단위마찰력을 표시한 그래프다.

앞에서 언급한 것과 같은 방법으로 측정되는 상대밀도 80%인 경우의 한계관입비는 $L ≒ 14$며 이때의 한계단위마찰력 $f_{cr} ≒ 0.095 kg/cm^2$으로 결정된다.

(1) 느슨한 지반에서의 한계관입비

느슨한 상태의 지반에 대한 말뚝의 한계관입비를 앞서 측정된 $L ≒ 11$과 Das et al.(1975) 및 Meyerhof(1973)의 예측치를 함께 비교하여 그림 1.25에 도시하였다.

Das et al.의 경우 한계관입비(L_{cr})는 식 (1.9a)에서 구해진 값이고 본 실험의 물성치를 사용한 한계관입비는 $L_{cr} ≒ 10$으로 거의 동일하다. Meyerhof(1973)의 경우는 $L_{cr} ≒ 9.5$로 산정되었다.

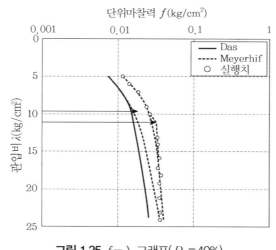

그림 1.25 $f - \lambda$ 그래프($D_r = 40\%$)

Das et al.(1975)의 예측치와 실험치의 단위마찰력의 비교를 위해 그림 1.26과 같이 도시하였다. 이 그림에서 보는 바와 같이 Das et al.(1975)[7]의 예측치의 경우는 실험치와 일정한 비율로 증가함을 알 수 있다.

그림 1.26에서 보는 바와 같이 Das et al(1977)[7]의 예측치와 실험치는 약 65%의 증분비를 갖는 것으로 나타났으며 비교 기준값의 신뢰도는 96%로 상당히 좋게 평가될 수 있었다.

이에 반하여 Meverhof(1973)[10]의 예측치는 그림 1.27에서 보는 바와 같이 초기에는 관입비가 증가할수록 실험치에 근접하지만 실험치가 한계단위마찰력에 도달하였음에도 불구하고 Meyerhof(1973)[10]의 예측치가 추가적으로 약 30% 더 증가하며 관입비가 증가함에 따라 계속적으로 마찰력이 증가하는 것을 볼 수 있다.

그러므로 말뚝이 설치된 지반의 상대밀도가 느슨한 경우는 한계관입비 이상일 때의 마찰저항력 산정식과 이하일 때의 산정식을 구분지어 나타내는 것이 타당할 것이다.

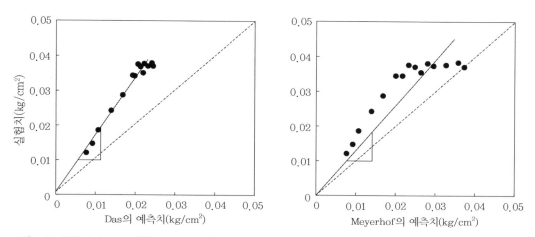

그림 1.26 실험치와 Das 예측치[7]의 비교(D_r = 40%)　**그림 1.27** 실험치와 Meverhof 예측치[10]의 비교(D_r = 40%)

(2) 조밀한 지반에서의 한계관입비

말뚝이 설치되는 지반의 상대밀도가 80%인 경우의 시험 결과를 그림 1.28에 도시하였다. 본 실험에서 구한 한계관입비(L_{cr})는 14고, Das et al.(1975)의 식 (1.9b)로 예측된 한계관입비는 14.5로 나타났다.

한편 Meyerhof(1973)의 예측치는 $L_{cr} ≒ 14$로 나타났다. 본 실험에서 구한 한계관입비는 14이므로 실험치와 예측치가 대략 일치함을 보인다.

$L_{cr} \langle 14$인 경우에는 단위마찰력의 실험치가 크게 산정되며 $L_{cr} \rangle 14$인 경우에는 두 예측치가 다소 크게 산정되고 있다.

따라서 두 예측치와 실험치의 증분비는 그림 1.29와 1.30에서와 같이 약 95% 및 88%로 산정되므로 조밀한 경우의 말뚝에 대한 한계관입비로는 Das et al.(1975)[7]의 제안값을 사용하는 것이 좋다.

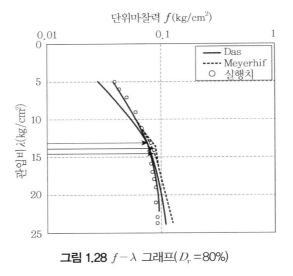

그림 1.28 $f - \lambda$ 그래프($D_r =80\%$)

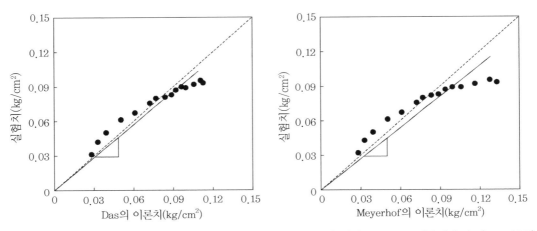

그림 1.29 실험치와 Das 이론치의 비교($D_r =80\%$)　**그림 1.30** 실험치와 Meyerhof 이론치의 비교($D_r =80\%$)

(3) 상대밀도와 한계관입비의 관계

상대밀도에 따른 한계관입비의 변화를 알아보기 위해 건조한 모래지반에 관입된 모형말뚝의 한계관입비와 상대밀도의 관계를 정리하면 그림 1.31 및 표 1.3과 같이 나타나며 이 상관관계를 구해보면 식 (1.13)과 같다.

따라서 말뚝이 설치되는 지반의 상대밀도에 따른 말뚝의 한계관입비는 식 (1.13)으로 예측할 수 있다.

$$L_{cr} = 7.31\left(\frac{D_r}{100}\right) + 8.1 \tag{1.13}$$

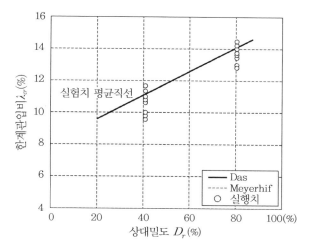

그림 1.31 한계관입비 실험 결과

표 1.3 상대밀도에 따른 한계관입비 비교

한계관입비 상대밀도(%)	Das et al.(1975)[7]	Meyerhof(1973)[10]	실험치(평균)
40	10	9.5	11
80	14.5	13	14

1.5 결론

상대밀도가 다른 사질토 지반에 관입된 모형 마이크로파일의 인발실험을 수행하여 관입깊이와 표면마찰력의 상관관계를 통한 한계관입비를 고찰하였다.

본 연구를 통하여 얻은 결론은 다음과 같이 정리할 수 있다.

(1) 모래지반에 관입비를 증가시켜 수행한 모형 마이크로파일의 인발실험 결과 한계관입비는 상대밀도가 40%인 지반의 경우 11이며, 80%인 지반의 경우 14로 산정되어 $L_{cr} = 7.31(D_r/100) + 8.1$의 관계식이 산정되었다. 모래지반인 경우 인발저항력의 한계치는 지반의 상대밀도와 관

입비의 영향을 받으며 한계관입비는 상대밀도와 상관관계가 성립된다.

(2) 지반이 느슨한 상태인 경우 인발하중 실험치는 각 관입비마다 Das et al.(1975)의 예측치와 1.65배의 일정한 증분으로 증가함을 보이며, 조밀한 상태인 경우 실험치는 Das et al.(1975)의 예측치와 거의 동일한 거동을 보인다. 마이크로파일의 인발저항력은 Das et al.(1975)의 이론식과 같이 마이크로파일이 설치된 지반의 상대밀도에 따라 한계관입비 이상일 때의 인발저항력 산정식과 이하일 때의 산정식을 구분지어 나타내는 것이 타당하다.

(3) 마이크로파일 인발 시 최대인발저항력이 발생하는 연직변위는 상대밀도에 따라 약간 영향을 받으나 대략 말뚝관입깊이의 2.3% 전후였다.

• 참고문헌 •

(1) 강승인(1998), '성토지지말뚝을 이용한 연약지반상 구조물의 측방이동 억지효과의 모형실험', 중앙대학교 대학원 석사학위논문.

(2) 홍원표·홍성원·이충민(2010), '모래지반 속 마이크로파일의 인발저항력에 관한 모형실험', 방재연구소논문집, 제2권, pp.11-26.

(3) 홍원표·침니타(2014), '높은 지하수위 지반 속에 설치된 지중연속벽의 인발저항력', 한국지반공학회논문집, 제30권, 제9호, pp.5-17.

(4) Bowles, J.E.(1977), 'Foundation Analysis and Design', McGraw Hill book Company, 2nd Edition, pp.530-591.

(5) Chattopadhyay, B.C., and Pise, P.J.(1986), 'Uplift capacity of piles in Sand', Jour. Geotech. Eng. Div., ASCE, Vol.112, No.9, pp.888-904.

(6) Chaudhury, K.P.R., and Symons, M.V.(1983), 'Uplift resistance of model single piles', Proc. of Conf. Geot. Practice in Offshore Eng., Sponsored by Geotech. End., Div., ASCE, Austine, Texas, pp.335-355.

(7) Das, B.M and Seely, G.R.(1975), 'Uplift capacity of buried model pile in sand', Jour. Geotech. Eng. Div., ASCE, Vol.101, No.GT10, Technical Note 11604, pp.1091-1094.

(8) Das, B.M., and Seely, G.R., and Pfeifle, T.W.(1977), 'Pull out resistance of rough rigid piles in granular soils', Soils and Foundaiotns, Vol.17, No.3, pp.72-77.

(9) Meyerhof G.G. and Adams, J.I.(1968), 'The ulimate uplift capacity of foundaion', Can. Geotech. Jour., Vol.5, No.4, pp. 225-244.

(10) Meyerhof, G.G.(1973), 'Uplift resistance of inclined anchors and piles', Proc., 8th International Conference on Soil Mechanics and Forundation Engineering. Vol.2, pp.107-172.

(11) Vesic, A.S.(1972), 'Model testing of deep foundation and scaling laws', Proc.. Conf. Deep Found., Vol.2, Mexico city, p.525.

다양한 형태의 마이크로파일에 대한 인발저항력 평가

다양한 형태의 마이크로파일에 대한 인발저항력 평가

2.1 서론

해안가에 인접하여 지하차도와 같은 지하구조물을 건설하려면 해수에 의한 양압력에 저항할 수 있게 하기 위해 인발말뚝을 구조물기초로 시공해야 한다.[2] 또한 팽창성 지반에 설치된 구조물의 융기에 저항하기 위해서도 인발말뚝을 설치해야 한다.

그 밖에도 풍하중, 빙하중 및 전선의 파단에 의하여 전력송신탑이 전도될 때도 큰 인발력이 기초말뚝이나 기초피아에 작용하게 된다.[10] 이 경우 기초말뚝은 압축력뿐만 아니라 인발력에 대해서도 안전할 수 있게 설계되어야 한다.[12,13] 이와 같이 양압력이 큰 경우나 전도 모멘트를 크게 받는 구조물의 기초말뚝은 인발력을 받게 되므로 인발력에 저항할 수 있도록 기초말뚝을 설계·시공해야 한다.

본 연구에서는 이러한 인발력에 효과적으로 저항할 수 있는 말뚝으로 마이크로파일을 개량하여 사용해보고자 한다. 마이크로파일은 소구경 현장타설말뚝의 한 종류로 비교적 소형 장비를 이용하므로 진동과 소음이 적고 인접 하부구조물에 피해를 주지 않아 안정성 면에서 큰 장점을 가지고 있다. 그러므로 기존에 시공된 구조물로 인하여 복잡하고 한정된 공간의 도심지 기초보강 공사에서 접근성 및 시공성의 큰 장점을 가지고 있다. 또 마이크로파일은 다른 공법들과 함께 사용할 수 있다는 장점을 가지고 있어 최근 교량, 교각, 교대 등의 기초 지지력 보강 및 내진보강 등 다양한 분야에 사용되고 있다.[5]

원래 마이크로파일은 직경이 작고 길이가 긴 구조체로 압축력을 지지하는 데 주로 사용되었다. 그러나 구조적인 특징으로 보아서는 마이크로파일은 압축력보다는 인장력에 더 효과적일 것이다. 왜냐하면 세장비가 큰 마이크로파일이 압축력을 받을 경우는 좌굴에 대하여 불안한 구조로 되어 있기 때문이다.[1] 그러나 말뚝이 인발력을 받아 말뚝에 인장응력만 작용하면 좌굴에 대해서는 안전할 것이다. 마이크로파일이 인발하중을 받을 경우에 대하여 안전성을 검토하려면 말뚝의 인장강도나 말뚝주면의 마찰저항력에 대한 검토만으로 파괴를 결정할 수 있다. 이러한 마이크로파일을 효과적으로 활용하기 위해서는 인발저항력을 증대시킬 수 있는 방안을 강구해야 한다. 예를 들면, 말뚝 주위 지반 속에 발달하는 파괴면의 면적을 늘려주거나 말뚝선단부를 확대시켜야 한다.[3,4]

결국 마이크로파일을 인발말뚝으로 활용하면 매우 효과적인 인발말뚝으로 작용할 수 있고, 여기 인발저항력을 더 증대시킬 수 있는 방안을 고안한다면 더욱 효과적인 인발말뚝으로 활용할 수 있다.[10] 현재 다양한 형태의 마이크로파일을 활용하고 있으며 성능을 개선하기 위한 시도가 계속되고 있다.[8] 그러나 마이크로파일의 인발저항력을 평가할 수 있는 합리적인 방안이 없어 설계하중을 결정하는 데 어려움을 겪고 있다. 결국 마이크로파일의 성능을 충분히 활용하지 못하고 있는 실정이다.

본 연구에서는 두 곳의 현장에서 세 가지 형태의 마이크로파일에 대한 말뚝인발시험[9]을 실시하여 마이크로파일의 인발하중과 인발변위 사이의 인발거동을 관찰하고 인발저항력을 평가할 수 있는 방안을 마련하고자 한다.[7]

현재 말뚝인발시험을 실시할 경우 여러 가지 주변의 제약조건으로 인하여 인발하중을 항복하중 혹은 극한하중까지 재하하지 못하고 시험을 종료하는 경우가 대부분이다. 따라서 본 연구에서는 우선 한 현장에서 세 개의 마이크로파일을 대상으로 인발하중과 말뚝변위와의 관계를 항복상태를 지나 극한상태까지 관찰할 수 있도록 말뚝인발시험을 실시하고 그 결과에 근거하여 인발저항력을 평가할 수 있는 방안을 마련한다. 그런 다음 이렇게 마련된 인발저항력 평가 방법을 다른 현장에서 다른 형태의 마이크로파일을 대상으로 실시한 통상적인 말뚝인발시험 결과에 적용하여 항복인발저항력을 평가해보고자 한다.

2.2 현장개요 및 지반조건

2.2.1 A 현장

A 현장에서는 3개(A1, A2, A3)의 마이크로파일이 시공되었으며, A1, A2 마이크로파일은 토목섬유팩 내부에 주입압을 적용한 신개념 마이크로파일[4]이다. A3 마이크로파일은 내부강관을 사용하는, 현재 많이 사용되고 있는 통상적인 마이크로파일이다.

A 현장의 지반은 상부로부터 매립토, 실트질 모래, 풍화토, 풍화암, 기반암 순으로 지층을 이루고 있다. 지표면에서 4.5m 심도까지는 매립토층을 이루고 있으며, 실트질 모래층은 4.5~10m 심도까지 분포하고 있다. 또한 풍화토층은 13.5~15.9m 심도까지 분포하고 있으며, 풍화암층과 기반암층은 각각 15.9~16.8m 심도 및 16.8~18.0m 심도로 분포하고 있다. 상부 지층인 매립토층과 실트질 모래층은 N치가 0~10으로 상당히 연약한 특성을 보이다가 실트질 모래 중 하부의 9m 심도부터는 풍화토, 풍화암, 기반암으로 구성되어 있는 하부층으로 내려갈수록 N가 22를 시작으로 50 이상에 가까워지는 형태의 단단한 지반으로 구성되어 있다. 본 현장에서 시험된 마이크로파일은 8.5m의 길이를 가지며, 실트질 모래층까지 관입되어 있었다. A 현장 위치에서 조사된 지층주상도와 표준관입시험 결과는 그림 2.1(a)에 도시한 바와 같다.

2.2.2 B 현장

B 현장은 공장신축공사 현장이며 기초말뚝으로 사용된 마이크로파일의 정적 지지력(설계지지력을 확인하기 위해 이 현장에 시험 시공한 통상적인 마이크로파일에 인발시험을 수행하였다. 이 현장의 지반조건은 상부로부터 풍화토, 풍화암, 연암층의 순으로 비교적 간단한 구조의 지층을 이루고 있다. 지층의 상부층을 기준으로 심도 16.5m까지는 풍화토층으로 구성되어 있으며, N치는 심도가 깊어질수록 증가하고, 약 7m 심도에서 N치가 50에 도달하는 단단한 형태의 지층을 이루고 있었다. 7m 심도 이하로도 N치가 50을 이루는 단단한 구조의 지층으로 구성되어 있다. 16.5~19.5m 심도에서는 풍화암층, 19.5~20.5m 심도에서는 연암층을 이루고 있었다. 마이크로파일은 15m의 관입길이를 가지며 풍화토층까지 시공되어 있다. B 현장 위치에서 조사된 지층주상도와 표준관입시험 결과는 그림 2.1(b)에 도시한 바와 같다.

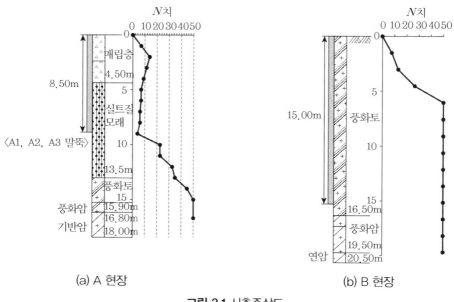

(a) A 현장　　　　　　　　(b) B 현장

그림 2.1 시추주상도

2.3 말뚝인발시험

2.3.1 마이크로파일

　　A 현장의 말뚝인발재하시험에 적용된 마이크로파일은 3개(A1, A2, A3)다. 즉, A1, A2 마이크로파일은 토목섬유팩으로 감싼 중심축보강제(강관)를 토사층에 천공된 홀에 삽입한 후 이 중심축강관을 통해 그라우트재를 가압 주입하여 조성된 토목섬유팩 마이크로파일이다. 이때 주입된 그라우트재는 강관주면에 마련된 작은 구멍들을 통하여 토목섬유팩 내부로 주입되며, 결국 토목섬유팩 내에 주입된 그라우트재는 주변지반을 팽창시킴에 따라 마이크로파일과 지반 사이의 주면마찰력을 증대시키는 공법이다. A1, A2 마이크로파일 간의 설치 거리는 1.2m이었다. A3 마이크로파일의 경우에는 중심축보강재로 강봉을 사용한 통상적인 마이크로파일이다. A 현장의 A1, A2, A3 마이크로파일의 시공 내용은 표 2.1과 같으며, A1, A2 마이크로파일의 설치 준비 과정은 사진 2.1과 같다. 또한 A1, A2 마이크로파일의 시공개략도는 그림 2.2와 같다.

표 2.1 A 현장 마이크로파일의 시공 내용

시험번호	내용
A1, A2 (토목섬유팩 마이크로파일)	① 외경(D)=155mm의 케이싱드릴 및 케이싱을 이용하여 회전수세식 방법으로 천공한다. ② 천공 홀 내 그라우트에 주입한다. ③ 파일체 삽입한다. ④ 케이싱을 제거한다. ⑤ 파일선단에서 4.5m 높이에 에어패커를 위치시켜 팩 내부 1차 주입, 팩의 팽창에 따른 찢어짐을 방지하기 위하여 주입압이 13kg/cm²를 초과하지 않도록 주의한다. ⑥ 에어패커 제거 후 상부 패커 내 그라우트재 주입 후(상부 패커 220cm까지 확장됨) 5분간 가압상태를 유지한다. ⑦ 강관 내부 공기 제거를 위하여 보강재 내부를 채운다. ⑧ 에어패커를 강관 상부에 위치시킨 후 가압 주입한다. ⑨ 상부 패커와 팩 사이에 빈 간극을 채우기 위해 소량을 외부 주입한다.
A3 (보통 마이크로파일)	① 외경(D)=155mm의 케이싱드릴 및 케이싱을 이용하여 회전수세식 방법으로 천공한다. ② 파일체를 삽입한다. ③ 주입관을 통하여 삭공 하부로부터 천공 홀 내 그라우트재를 주입한다. ④ 케이싱을 제거한다.

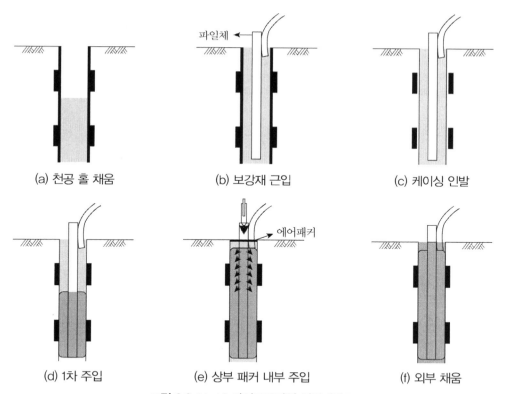

(a) 천공 홀 채움   (b) 보강재 근입   (c) 케이싱 인발

(d) 1차 주입   (e) 상부 패커 내부 주입   (f) 외부 채움

그림 2.2 A1, A2 마이크로파일 시공개략도

(a) 선단 서포트 부착   (b) 팩 개단

(c) 선단 서포트와 팩 결속   (d) 팩 장착

(e) 상부팩 실링 및 고정   (f) 하부 보호

(g) 상부 보호   (h) 시험말뚝 완성

사진 2.1 A1, A2 토목섬유팩 마이크로파일 설치 준비 과정

한편 B 현장에서의 마이크로파일은 그림 2.3에서 보는 바와 같이 200mm 천공직경(D)에 지름 32mm(H32) 고강도 이형 철근(SD40) 3개를 15m 깊이로 조립·삽입하여 설치하였다.

이때 사용된 강관 케이싱은 직경 216.5mm 두께 5.85mm 길이 1m이었다. 마이크로파일의 설계지지력(q_u)은 85t/본이다. B 현장의 시험마이크로파일의 제원은 표 2.2와 같으며, B 마이크로파일의 단면도와 측면도는 그림 2.3에 도시된 바와 같다.

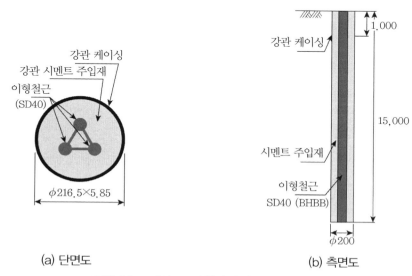

(a) 단면도   (b) 측면도

그림 2.3 B 마이크로파일의 단면도와 측면도

표 2.2 B 마이크로파일의 제원

	재료	관입길이(m)	설계하중(t/본)
케이싱	강관 216.5×585 mm	1.0	
B 말뚝	지름 32mm(H32) 고강도 이형 철근(SD40)	15.0	85

2.3.2 시험장치

하중측정장치는 하중계에 의한 방법과 적재물의 중량계산에 의한 방법이 있다. A, B 현장에서는 모두 하중계를 사용하여 하중을 측정하였다. 가압장치로는 계획최대시험하중의 120% 이상의 가압능력을 가지며, 각 하중단계에서 시험말뚝의 침하 및 재하장치의 변형에 따라 가압능력이 변하지 않는 잭을 사용해야 한다.

A 현장에서의 인발재하시험에는 100t의 잭을 사용하였으며, 하중계측기로는 500t 용량의 전기저항식 하중계(로드셀)를 1개 사용하였고, 변위는 LVDT(1/100, 100mm)를 사용하여 계측하였다. 이 변위는 시험말뚝에 직교되는 축으로 LVDT를 부착시켜 측정하였다.

한편 B 현장에서의 인발재하시험에는 500t의 잭을 사용하였으며 하중측정장치로는 하중계(로드셀)를 사용하였다. 변위는 1/100mm 정밀도를 가지는 50mm 계측길이의 다이얼게이지를 사용하였고, 마그네틱홀더를 사용하여 시험말뚝에 같은 높이와 같은 간격으로 연직침하측정용 2개를 설치하였다.

2.3.3 인발하중재하 방법

(1) A 현장

시험 방법은 재하대와 마이크로파일을 연결한 후 상부에 설치된 유압잭의 유압을 이용하여 하중을 재하, 감하, 재부하의 과정을 하중계획에 따라 수행하면서 하중의 변화에 따른 말뚝의 변위량을 LVDT(변위측정기)로 측정하였다. 또한 일정 간격 깊이로 말뚝에 부착 설치된 하중전이 센서를 이용하여 깊이별 축하중을 측정하였다. 이때 최대인발하중은 A1, A2 마이크로파일의 경우는 설계하중(30t/본)의 200%(60t), A3 마이크로파일은 설계하중의 177%(53t)의 인발하중을 가하며, 4사이클 방식으로 하중계획에 의하여 재하시험을 수행하였다. A1, A2, A3 마이크로파일의 하중계획표는 표 2.3~2.5와 같다.

표 2.3 하중계획표(A 현장, A1 마이크로파일)

사이클	설계하중에 대한 비율(%)	인발하중(t)	하중유지시간(min)
1	17	5	3
	30	9	3
	47	14	3
	0	0	1
2	17	5	1
	47	14	1
	60	18	3
	77	23	3
	90	27	3
	100	30	3
	0	0	1
3	17	5	1
	100	30	1
	117	35	3
	130	39	60
	147	44	3
	0	0	1
4	17	5	1
	147	44	1
	160	48	3
	177	53	3
	190	57	3
	200	60	7
	100	30	5
	50	15	5
	0	0	5

표 2.4 하중계획표(A 현장, A2 마이크로파일)

사이클	설계하중에 대한 비율(%)	인발하중(t)	하중유지시간(min)
1	17	5	3
	30	9	3
	47	14	3
	0	0	1
2	17	5	1
	47	14	1
	60	18	3
	77	23	3
	90	27	3
	100	30	3
	0	0	1
3	17	5	1
	100	30	1
	117	35	3
	130	39	60
	147	44	3
	0	0	1
4	17	5	1
	147	44	1
	160	48	3
	177	53	3
	190	57	3
	200	60	10
	50	15	5
	100	30	5
	50	15	5
	0	0	5

표 2.5 하중계획표(A 현장, A3 마이크로파일)

사이클	설계하중에 대한 비율(%)	인발하중(t)	하중유지시간(min)
1	17	5	3
	30	9	3
	47	14	3
	0	0	1
2	17	5	1
	47	14	1
	60	18	3
	77	23	3
	90	27	3
	100	30	3
	0	0	1
3	17	5	1
	100	30	1
	117	35	3
	130	39	60
	147	44	3
	0	0	1
4	17	5	1
	147	44	1
	160	48	3
	177	53	3
	100	30	3
	0	0	30

(2) B 현장

일반적인 계획최대재하하중은 마이크로파일 재료의 항복 또는 파괴 강도를 초과하지 않는 범위 내에서 결정해야 하며, 본 시험에서는 설계하중(85t/본)의 150%인 125t을 최대시험하중으로 결정하였다. 재하 방법으로 본 인발재하시험은 주변지반의 반력을 이용하는 방법을 적용하여 시험하였다. 재하장치는 지반조건, 말뚝조건 등 현장조건을 고려하여 표준재하 방법으로 결정하였다. 재하하중은 설계하중(85t/본)의 150%까지 제3사이클 방식으로 설계하중의 25%씩 재하하였고, 최종하중단계에서는 50%마다 하중재하를 하였으며, 재하 방법으로 주변말뚝의 지반반력을 이용한 인발재하시험을 수행하였다. 침하량이 0.01inch/hr(0.25mm/hr) 이내로 줄어들면 다음

단계 재하로 넘어갔다(시간 규정은 없으며 당 현장은 최소 20분간 재하함). 그러나 재하하중 유지 방법으로 하중단계별 10분씩 재하함을 원칙으로 하였다. 현장의 하중계획표는 표 2.6과 같다.

표 2.6 하중계획표(B 현장)

사이클	설계하중에 대한 비율(%)	인발하중(t)	하중유지시간(min)
1	12.5	11	20
	25	21	20
	50	43	20
	25	21	10
	0	0	10
2	25	21	10
	50	43	10
	75	64	20
	100	85	20
	50	43	20
	0	0	10
3	37.5	32	10
	75	64	10
	1125	96	20
	1500	128	20
	75	64	10
	0	0.0	10

2.4 시험 결과

2.4.1 마이크로파일의 인발거동

그림 2.4~2.7은 A1, A2, A3 및 B 마이크로파일에 대한 말뚝인발시험 결과를 정리한 그림이다. 먼저 그림 2.4(a)는 A1 마이크로파일에 가해진 인발하중의 재하과정을 도시한 결과고, 그림 2.4(b)는 A1 마이크로파일에 가해진 인발하중과 말뚝두부의 인발변위량과의 관계를 도시한 결과다. 제3사이클까지 하중과 변위량은 미소하여 탄성의 범위에 있다고 할 수 있으나 제4사이클에서는 인발력의 증가량에 비해 변위량의 증가량이 크게 발생하였음을 알 수 있다.

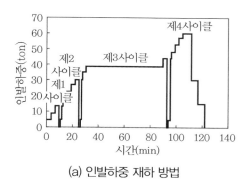

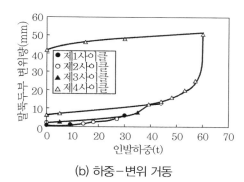

(a) 인발하중 재하 방법 　　　　　　　(b) 하중－변위 거동

그림 2.4 A1 마이크로파일의 재하시험 결과

제4사이클에서 하중을 감하하였을 때 잔류변형량도 크게 발생하였음을 알 수 있다. 이 그림으로부터 제3사이클의 최대하중 재하 시 항복상태가 존재하였으며 제4사이클의 최대하중재하에서 극한상태에 도달하였음을 알 수 있다. 최대인발력 60t이 작용할 때 말뚝두부변위량은 52mm까지 발생하였으며 최종잔류변위량은 41mm까지 발생하였음을 알 수 있다.

　A1 마이크로파일과 동일한 종류의 마이크로파일인 A2 마이크로파일의 인발하중 재하과정과 말뚝인발시험 결과는 그림 2.5와 같다. 인발하중재하과정은 그림 2.5(a)에서 보는 바와 같이 A1 마이크로파일과 동일하나 제4사이클의 최종 재하과정에서 약간 다르게 실시하였다. 이 결과에 의하면 제3사이클까지의 하중－변위 거동은 그림 2.5(b)에서 보는 바와 같이 A1 마이크로파일과 거의 유사하나 제4사이클의 극한상태에서 말뚝두부변위가 A1 마이크로파일보다 약 10mm 정도 적게 발생하였다.

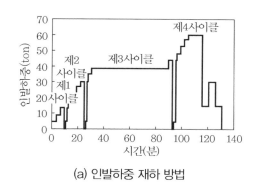

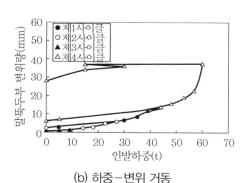

(a) 인발하중 재하 방법 　　　　　　　(b) 하중－변위 거동

그림 2.5 A2 마이크로파일의 재하시험 결과

토목섬유팩을 사용하지 않은 A3 마이크로파일의 경우는 그림 2.6과 같다. 하중제하 과정은 A1, A2 마이크로파일과 제3사이클까지는 동일하나 제4사이클에서는 A1, A3 마이그로파일의 경우보다 최대하중이 낮은 상태에서 극한상태에 도달하였기 때문에 최대인발력이 53t이고 변위량은 80mm로 크게 발생하였다. 즉, A3 마이크로파일은 A1과 A2 마이크로파일에 비하여 극한 저항력이 낮음을 알 수 있다.

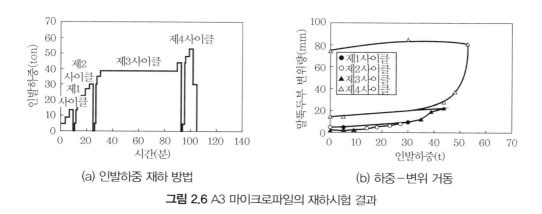

(a) 인발하중 재하 방법   (b) 하중－변위 거동

그림 2.6 A3 마이크로파일의 재하시험 결과

한편 B 마이크로파일의 하중재하과정과 말뚝인발시험 결과는 각각 그림 2.7(a) 및 (b)와 같다. 그림 2.7(b)에서 보는 바와 같이 제3사이클까지 하중과 변위량의 관계가 거의 선형거동을 보이고 있음을 알 수 있다. 따라서 이 시험 결과에서는 항복상태와 극한상태를 확인할 수가 없다. 실제 현장에서의 말뚝재하시험은 이와 같이 항복을 확인하기 전에 시험을 종료하는 경우가 대부분이다. 이 경우 예상 설계하중의 2배의 하중까지만 재하를 하고 시험을 종료한다. 따라서 극한하중은 물론 항복하중을 확인할 수 있는 방법이 없다. 단지 설계하중이 안전하중임을 확인하는 정도의 말뚝재하시험에 지나지 않는다.

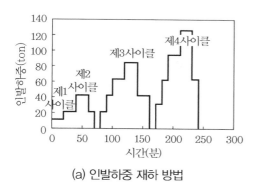

(a) 인발하중 재하 방법

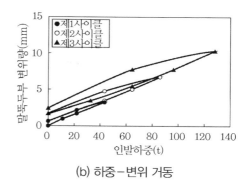

(b) 하중-변위 거동

그림 2.7 B 마이크로파일의 재하시험 결과

2.4.2 인발하중과 변위량의 관계

그림 2.8은 말뚝인발시험에서 측정된 인발하중과 말뚝두부변위량의 관계를 도시한 결과다. 다만 각 재하 사이클에서 감하(unloading) 및 재부하(reloading) 과정에서 측정된 값은 제외한 결과다. 우선 A 현장의 경우는 그림 2.8(a)에서 보는 바와 같이 토목섬유팩과 주입압을 도입한 A1과 A2 마이크로파일은 동일한 거동을 보인다고 할 수 있다.

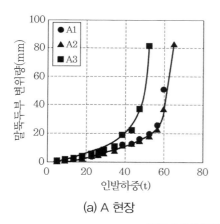

(a) A 현장

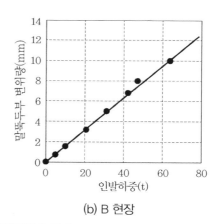

(b) B 현장

그림 2.8 인발하중과 두부변위량의 관계

이들 마이크로파일은 동일한 말뚝 인발력 작용 시의 A3 마이크로파일보다 낮은 두부변위량이 발생하였다. 예를 들면, 인발력이 40t 작용할 때 A3 마이크로파일의 두부변위량은 A1 및 A2 마이크로파일보다 절반 정도 낮게 나타났다. 이는 토목섬유팩에 주입압을 넣어 마이크로파일의 직경을 확대시킨 효과에 의한 결과다. 다시 말하면 토목섬유팩 마이크로파일은 보통 마이크로파일보다 20% 정도 높은 인발저항력을 가질 수 있다고 판단된다.

한편 B 현장의 경우는 그림 2.8(b)에서 보는 바와 같이 인발하중과 말뚝변위량의 관계가 시험 종료까지로 선형적인 관계에 있음을 보여주고 있다. 즉, 이 시험에서는 항복하중을 확인할 수가 없음을 알 수 있다.

2.4.3 항복하중

그림 2.9는 A 현장에서 실시된 말뚝재하시험 결과인 그림 2.8의 인발하중과 말뚝두부변위량 사이의 관계를 양면대수지에 다시 도시한 결과다. 양면대수지에 시험 결과를 도시함으로써 변곡점을 찾을 수 있으며, 시험 초기와 말기의 추세선을 그려 그 교점을 항복인발력 및 항복변위량이라 할 수 있다. 이 결과에 의하면 A1 마이크로파일과 A2 마이크로파일은 항복인발력이 각각 52t 및 51t으로 나타났으며, 이때의 두부변위량은 각각 13mm와 14mm로 나타났다.

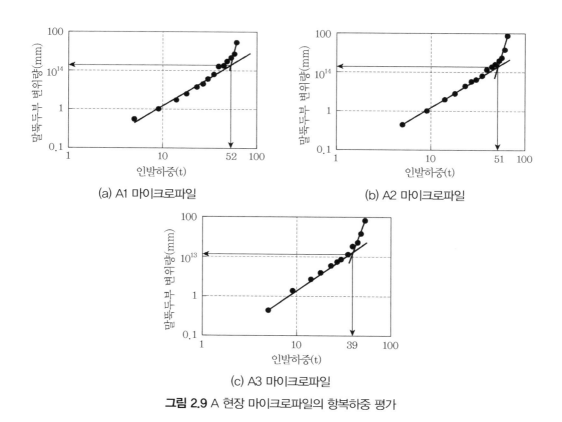

(a) A1 마이크로파일   (b) A2 마이크로파일

(c) A3 마이크로파일

그림 2.9 A 현장 마이크로파일의 항복하중 평가

한편 토목섬유팩을 도입하지 않은 A3 마이크로파일의 항복변위량은 13mm로, A1, A2 마이크로파일과 동일하나 항복인발력은 39t으로 낮게 측정되었다. B 마이크로파일의 경우는 그림 2.8(b)에서 설명한 대로 인발하중과 말뚝두부변위량의 관계가 항복상태에 도달하기 이전에 시험이 종료된 관계로 항복상태를 확인할 수가 없다.

2.5 인발변위량

2.5.1 항복변위량

그림 2.10는 그림 2.9에서 평가된 항복인발력 발생 시의 항복변위량을 도시한 결과다. B 마이크로파일에 대하여 실시한 말뚝인발시험에서 최종적으로 가한 인발력에 대한 인발변위량도 이 그림에 함께 도시하였다. 물론 이 값은 항복상태에 도달하지 않은 값이므로 항복변위량보다는 작을 것이다.

그림 2.10에 의하면 인발변위량은 마이크로파일의 종류에 관계없이 13mm 정도가 됨을 알 수 있다. 이 변위량은 그림 안에 도시한 바와 같이 Terzaghi & Peck(1967)[14]이 제시한 25.4mm나 DIN4014에서 제시된 20mm보다 작게 발생하고 있음을 알 수 있다.[11]

결국 마이크로파일의 항복인발변위량 13mm는 Terzaghi & Peck(1967)이 제시한 25.4mm의 반에 해당함을 알 수 있다. 이는 대구경 현장타설말뚝의 항복침하량의 기준으로 제시된 바 있는 값과도 일치하는 결과다.[6]

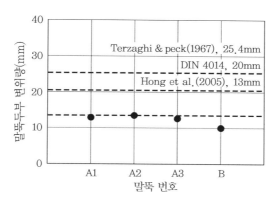

그림 2.10 항복변위량[11,14]

현장타설 콘크리트말뚝을 압축이나 인발할 때 모두에 마찰저항력이 동일하게 기여한다는 점을 감안한다면 현장타설 콘크리트말뚝의 항복기준변위량도 압축이나 인발 모두에 동일하게 정해도 무방할 것이다. 또한 마이크로파일은 직경이 매우 작은 말뚝이지만 일종의 현장타설말뚝인 점을 감안한다면 모두 말뚝두부변위량 13mm 마이크로파일의 항복기준변위량으로 타당하다.

2.5.2 잔류변위량

그림 2.11은 A1 및 A3 마이크로파일에 대한 인발시험과정에서 각 재하 사이클의 최대인발하중과 그 사이클에서 재하기간 동안 발생한 잔류변위의 관계를 도시한 결과다. 각 사이클에서 발생한 잔류변위량 추세선의 교차점을 구할 수 있다. 이 교차점의 잔류변위량에 도달하기 전에는 인발하중의 증가에 따른 잔류변위량의 증가량이 매우 작으나 이 교차점 이후에는 급격하게 잔류변위량이 증대되고 있음을 알 수 있다. 따라서 이 교차점에서의 잔류변위량은 인발하중이 항복하중에 도달하였을 때의 변위량을 의미한다고 할 수 있다. 그러므로 이 교차점에서의 잔류

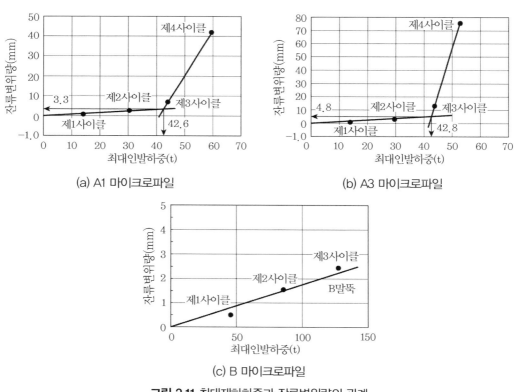

(a) A1 마이크로파일   (b) A3 마이크로파일

(c) B 마이크로파일

그림 2.11 최대재하하중과 잔류변위량의 관계

변위량은 항복하중을 평가할 수 있는 잔류변위량에 해당한다고 할 수 있다.

그림 2.12는 인발시험을 실시한 전체 마이크로파일에서 구한 항복잔류변위량을 함께 도시한 결과다. 이들 시험 결과에 의하면 항복잔류변위량은 마이크로파일 종류에 관계없이 3mm(＝1/8inch) 정도가 됨을 알 수 있다.

한편 말뚝의 잔류침하량기준을 살펴보면 미국 도로교 설계기준[9]에서는 6.3mm(＝1/4inch)를 사용하고 있다.[15] 그러나 그림 2.12이 나타난 결과에 의하면 마이크로파일의 인발잔류변위량 3mm는 이 6.3mm 잔류침하량기준치의 반 정도밖에 발생하지 않았음을 알 수 있다.

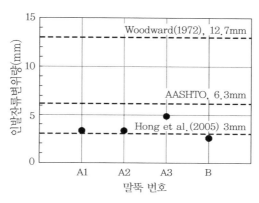

그림 2.12 항복잔류변위량

일반적으로 압축력이나 인발력이 현장타설콘크리트 말뚝에 작용할 때 말뚝주면에 마찰저항력이 방향에 관계없이 동일하게 발달할 것이라는 점을 감안한다면 3mm 잔류변위량은 마이크로파일의 항복기준 잔류변위량으로 정하여도 무방할 것이다.

또한 3mm의 잔류변위량은 대구경 현장타설말뚝의 기준 항복잔류침하량으로 제시된 값과도 일치한다.[6] 따라서 3mm의 잔류변위량은 항복상태를 판단할 수 있는 기준으로 정하는 것이 타당하다.

2.5.3 기준변위량에 의한 항복하중 평가

그림 2.13은 A 현장에서의 말뚝인발시험에서 구한 기준변위량을 적용하여 평가된 B 마이크로파일의 항복인발력이다. 이 결과에 의하면 전체 변위량 기준에 의한 항복인발력은 그림 2.13(a)

에서 보는 바와 같이 162t으로 예측되었고, 잔류변위량기준에 의한 항복인발력은 그림 2.13(b)에서 보는 바와 같이 170t으로 예측되었다. 결국 이들 두 기준에 의하여 예측된 항복인발력은 거의 동일한 값으로 나타났다. 따라서 항복상태까지 하중재하를 하지 못할 경우 기준변위량(전체 변위량이나 잔류변위량)에 의하여 항복인발력을 구하는 것이 가능하다.

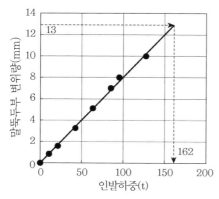 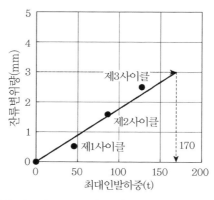

(a) 전체 변위량 기준(13mm)에 의한 항복인발력　　(b) 잔류변위량 기준(3mm)에 의한 항복인발력

그림 2.13 B 마이크로파일의 항복인발력

2.6 결론

다양한 형태의 마이크로파일에 대한 현장인발시험을 실시하여 마이크로파일의 인발거동과 인발저항력에 대하여 고찰한 결과 얻은 결론은 다음과 같다.

(1) 동일한 말뚝변위 발생 시 토목섬유팩으로 보강한 마이크로파일은 보통의 강관보강 마이크로 파일보다 주변지반의 압축효과에 의하여 20% 정도 높은 인발저항력을 가진다.

(2) 마이크로파일의 인발하중이 항복하중에 도달하였을 때 말뚝두부 전체 인발변위량은 13mm (=1/2inch)로 발생하였다. 이는 Terzaghi & Peck(1967)이 말뚝의 설계변위량 기준치로 제시한 25.4mm나 DIN4014에서 제시된 20mm보다 50% 정도 작게 발생하였다.

(3) 마이크로파일에 반복재하를 가할 경우 잔류변위량이 3mm(=1/8inch)에 도달하였을 때 항복 하중이 발생하였으며, 이는 미국도로교 설계기준[9]에서 제시한 6.3mm(1/4inch) 말뚝의 잔류

침하량 기준치의 50% 정도밖에 발생하지 않았다.

(4) 항복상태까지 말뚝하중재하를 실시하지 못한 경우 기준변위량(전체 변위량이나 잔류변위량)에 의하여 항복인발력을 구하는 것이 가능하다.

● 참고문헌 ●

(1) 김상규 · 홍원표 · 김학문(1998), 'Micro-pile의 설계 및 시공기술에 관한 연구 보고서', 대한토목학회.

(2) 최용성(2010), '사질토에 근입된 벨타입 인발말뚝의 기동특성에 관한 연구', 중앙대학교 석사학위논문, pp.1-14.

(3) 최창호 · 구정민 · 이정훈 · 조삼덕 · 정재형(2008), '신개념 마이크로파일 개발 및 현장시험시공', 한국지반공학회, 봄학술발표대회논문집, pp.571-578.

(4) 한국건설기술연구원(2009), 복합지지형 마이크로파일공법에 관한 연구, 워크숍 및 자문회의 보고서.

(5) 홍원표(1995), '사면안정용 Micopile의 설계법의 관한 연구보고서', 중앙대학교.

(6) 홍원표 · 여규권 · 남정만 · 이재호(2005), '암반에 근입된 대구경 현장타설말뚝의 침하특성', 한국지반공학회논문집, 제21권, 제5호, pp.111-122.

(7) 홍원표 · 김해동 · 이준우(2011), '다양한 형태의 마이크로파일에 대한 인발저항력 평가', 중앙대학교 방재연구소논문집, 제3권, pp.11-24.

(8) 홍원표 · 조삼덕 · 최창호 · 이충민(2011), '인발력을 받는 팩마이크로파일의 주면마찰력', 한국지반공학회논문집.

(9) ASTM(1994), "Standard Test Methods for Deep Foundations Under Static Axial Tensile Load", The Annual Book of ASTM Standards D3689, CD-Rom, Soil and Rock(1).

(10) Cadden, A., Gomez, J., Bruce, D., and Armour, T.(2004), "Micropiles: recent advances and trends", Deep Foundation, pp.140-165.

(11) DIN(1983), Small Diameter Injection Piles(Cast-in-Place Concrete Piles and Composite Pile), DIN-4128 Engl., April, p.27.

(12) FHWA(2000), Micropile Design and Construction Guidelines, Publicatoin No.FHWA-SA-97-070.

(13) FHWA(2005), Micropile Design and Construction, NHI-05-039, pp.7-1-7-28.

(14) Terzaghi, K., and Peck, R.B.(1967), Soil Mechanics in Engineering Practice, New York, Wiley.

(15) Tomlinson, M.J.(1987), Pile Design and Construction Practice, 3rd Edition, pp.97-152.

인발력을 받는 팩마이크로파일의 주면저항력

Chapter 03

인발력을 받는 팩마이크로파일의 주면저항력

3.1 서론

일반적으로 마이크로파일은 직경이 300mm 이하의 소구경 말뚝으로서 1950년대 초에 이탈리아에서 처음으로 개발된 이래 주로 건물의 유지, 보수 및 증축을 위한 기초의 보강공법에 많이 사용되었다.[17,18]

독일 표준시방서(DIN-4218)에서는 소구경 현장주입콘크리트말뚝(혹은 모르타르)이라 하여 small diameter injection piles(cast-in-place concrete piles and composite pile)이라 부른다.[6] 가장 일반적인 마이크로파일의 직경은 120~250mm며 길이는 5m부터 수십 미터에 이른다. 마이크로파일은 용도와 시공 방법에 따라 rootpile, tubfix-micropile, pali radice, needle-pile 혹은 gewi-pile 등으로 다양하게 불린다.[2,16]

마이크로파일은 천공 홀 내부에 삽입된 고강도 강봉, 강관 및 철근의 강성에 의해 높은 축하중을 지지하면서 천공 직경을 최소화한 말뚝공법이다. 소구경 천공에 의해 시공되므로 어떠한 지반조건이나 작업조건에서도 용이하게 사용할 수 있는 유리한 점이 있다.

국내에서 마이크로파일에 대한 연구는 1988년 서울특별시 영등포역 선상역사기초공으로 사용하기 위한 설계 및 시공기술에 관한 제반 문제점을 연구하면서 시작되었다고 할 수 있다.[14] Hong(1995)은 일찍이 마이크로파일을 사면안전용 억지말뚝으로 적용하기 위한 설계법을 연구한 바 있다.[10] 그 밖에도 울진원자력발전소 터빈실 기초와 극동방송국 기초보강에 적용된 사례가 있다.[15]

한편 이러한 마이크로파일이 지하수위가 높은 해안가에 인접하여 설치되어 있으면 마이크로파일은 해수지하수에 의한 높은 양압력에 저항할 수 있는 인발말뚝으로 설계 시공해야 할 것이다.[5] 또한 팽창성 지반에 설치된 구조물의 용기에 저항하기 위한 인발말뚝으로 마이크로파일을 설치하기도 한다. 그 밖에도 전력송신탑이 풍하중, 빙하중 및 전선의 파단에 의하여 전도될 때 일부 기초말뚝에 큰 인발력이 작용하게 된다. 이 경우 마이크로파일은 압축력뿐만 아니라 인발력에 대해서도 안전하게 설계되어야 한다.[7,8,12] 이와 같이 양압력이 큰 경우나 수평력을 크게 받는 구조물의 기초말뚝은 인발력을 받게 되므로 극한인발력에 저항할 수 있도록 마이크로파일을 설계 시공하여야 한다.[20,21] 지금까지 이러한 인발하중을 받는 마이크로파일의 연구도 서서히 진행되었다.[9,13] 소구경 말뚝인 마이크로파일은 마찰면적이 일반말뚝 단면적보다 보통 100배 이상 되므로 재료강도가 말뚝 지지력 결정에 지배적 요인이 되기 쉽다. 특히 상대적으로 적은 콘크리트 단면적에 비해 철근의 이음부는 최대설계철근량보다 커질 가능성도 있다.

가장 중요한 인발저항력 요소인 마이크로파일과 지반 사이의 단위주면마찰력은 일반적으로 대구경 현장타설말뚝과 지반 사이의 단위주면마찰력보다 상당히 커질 수 있다. 이러한 단위주면마찰력의 증가 요인으로는 고압식 시멘트-모르타르 주입으로 인한 말뚝직경 및 단면적의 확대, 고압 모르타르 그라우팅으로 주변지반이 다져지는 압밀압축 효과로 인한 주변지반의 강도 증가, 정지토압 이상의 수평토압의 작용 등을 들 수 있다. 특히 사력층이나 풍화암층 이상의 지반에서는 고압 모르타르 주입제가 주변지반과 일체시키는 작용을 함으로써 주변지반 보강효과를 크게 할 수 있다.

이들 일반 마이크로파일의 저항성능을 개선시키기 위해 최근에 토목섬유를 활용한 팩마이크로파일이 개발되었다.[3,4,15,19] 팩마이크로파일은 일반 마이크로파일의 강봉이나 강관을 토목섬유팩으로 감싸고 주입재와 주입압을 토목섬유팩 내부에 가하여 제작하며, 이 주입압에 의하여 천공 직경이 크게 확대된다.

본 연구에서는 토목섬유팩을 활용한 마이크로파일의 인발저항능력의 증대효과와 인발하중 전이 효과를 조사하기 위해 팩마이크로파일에 대한 말뚝인발시험을 실시하고 그 결과를 분석하고자 한다. 두 개의 팩마이크로파일과 한 개의 강봉형 일반 마이크로파일에 스트레인게이지를 부착한 후 말뚝인발시험을 실시하여 인발하중이 지반에 전이되는 과정에서 발휘되는 말뚝 축하중과 단위주면마찰력을 계측 고찰하고자 한다. 이들 마이크로파일의 계측 결과를 서로 비교함으로써 팩마이크로파일의 성능을 규명할 수 있다.

3.2 현장개요 및 말뚝인발시험

3.2.1 현장개요

마이크로파일의 인발시험을 실시한 현장의 지층구성은 그림 3.1에서 보는 바와 같이 상부로부터 매립토층, 실트질 모래층, 풍화토층, 풍화암층, 기반암층 순으로 이루어져 있다. 즉, 지표면에서 심도 4.5m까지는 매립토층을 이루고 있으며, 실트질 모래층은 4.5~13.5m까지 분포하고 있다. 또한 지표면으로부터 심도 13.5~16.8m까지는 풍화토와 풍화암이 분포하고 있으며, 풍화대 아래에는 기반암이 존재하고 있다.

지표면에서 9m 심도까지의 상부지층은 N치가 0~10인 연약한 특성을 보이고 있다. 그러나 9m 심도 아래는 실트질 모래층, 풍화토, 풍화암, 기반암으로 구성되어 있으며, 하부지층으로 내려갈수록 N치가 22를 시작으로 50 이상의 단단한 지반특성을 보이고 있다.

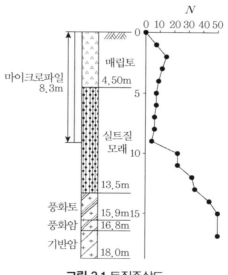

그림 3.1 토질주상도

3.2.2 마이크로파일

마이크로파일의 극한인발력 및 심도별 하중전이 특성을 파악하기 위하여 말뚝인발시험을 수행하였다. 현장시험에서는 두 종류의 마이크로파일이 사용되었다. 이들 마이크로파일의 측면도와 단면도는 그림 3.2와 같다. 하나는 그림 3.2(a)에 도시된 바와 같이 팩마이크로파일(A1 및 A2 말뚝)이고 다른 하나는 그림 3.2(b)에 도시된 바와 같이 일반 마이크로파일(A3 말뚝)이다. 이들 마이크로파일은 8.3m의 길이를 가지며 실트질 모래층 내에 관입되었다.

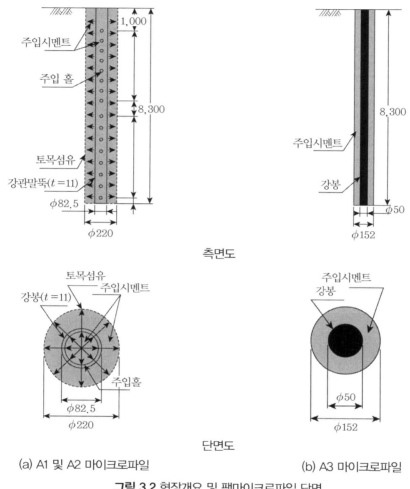

(a) A1 및 A2 마이크로파일

(b) A3 마이크로파일

그림 3.2 현장개요 및 팩마이크로파일 단면

우선 일반 마이크로파일 A3는 그림 3.2(b)에서 보는 바와 같이 통상적으로 많이 사용하는 마이크로파일로 직경 152mm의 케이싱드릴 및 케이싱을 이용하여 회전수세식 방법으로 천공 후 내부에 직경 50mm의 강봉파일체를 삽입하고 주입하면서 케이싱을 제거하여 제작·설치된 일반 마이크로파일이다.

한편 팩마이크로파일 A1과 A2는 그림 3.2(a)에서 보는 바와 같다. 이들 말뚝은 우선 A3 마이크로파일과 동일한 방법으로 천공하고 토목섬유팩으로 감싼 직경 82.5mm, 두께 11mm의 강관을 천공 내에 삽입하고 주입재로 충진한 후 가압하여 주변지반에 밀착 팽창시킴으로써 말뚝 직경과 단면적을 확대시키는 공법으로 제작·설치된 팩마이크로파일이다. 팩마이크로파일 A1과 A2에 사용한 강관은 일반 마이크로파일 A3의 강봉과 단면적이 거의 동일하게 선택하여 사용하였다. 주입압을 가할 때는 강관 내부에 선단에서 4.5m 위치에 에어패커를 설치하여 이를 지지로 강관 주면에 마련된 구멍을 통해 그라우트재가 밀려 나갈 수 있게 하였다. 이때 토목섬유팩 내부 주입압이 너무 크면 토목섬유가 찢어지므로 내부 주입압은 1,100~1,300kN/m²를 넘지 않게 조절 가압하여 마이크로파일의 직경을 220mm까지 확장시켰다. 가압 후 강관 내 에어패커를 제거하고 강관의 나머지 부위에 주입제를 충진시켜 토목섬유 팩마이크로파일을 제작하였다. A1 말뚝과 A2말뚝은 1.2m 거리를 두고 설치하였다.

3.2.3 재하 방법

인발압력장치는 최대하중의 120% 이상의 가압능력이 있어야 하고, 계획하중 단계에 따라 말뚝의 변위량 및 재하장치의 변형에 따라 가압능력이 변하지 않는 잭(jack)을 사용하였다.[1] 본 현장에서는 인발재하시험 시 IMN 잭을 사용하였다. 시험 방법은 재하대와 시험말뚝을 연결한 후 상부에 설치된 유압잭의 유압을 이용하여 하중을 재하, 감하, 재부하의 과정을 하중계획에 따라 수행하였다. 일정 간격 깊이로 말뚝에 설치된 스트레인게이지의 하중전이 센서를 이용하여 지반의 깊이별 축하중을 측정하였다.

최대인발하중은 A1, A2 마이크로파일의 경우 설계하중(300kN/본)의 200%(600kN)로 하였고, A3 마이크로파일의 경우는 177%(530kN) 인발하중을 가하였으며, 제4사이클 방식으로 하중계획에 의하여 재하시험을 수행하였다.[11] 각 마이크로파일에 대한 인발하중과 하중유지시간에 대한 재하계획은 각 사이클별로 그림 3.3에서 3.5까지 정리되어 있다.

A1 및 A2 마이크로파일에 가한 인발하중 재하과정은 그림 3.3과 3.4에서 보는 바와 같이 거의 동일하다. 다만 제4사이클의 감하 과정에서 약간의 차이를 두어 감하과정의 거동 차이를 비교해보았다. 한편 A3 마이크로파일의 경우는 그림 3.5에서 보는 바와 같이 인발저항력의 부족으로 제4사이클에서 A1, A2 마이크로파일보다 낮은 하중을 가하였다. 그러나 제3사이클까지의 계측과정은 팩마이크로파일 A1, A2 말뚝과 동일하다.

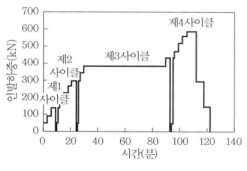

그림 3.3 A1 마이크로파일의 재하 방법

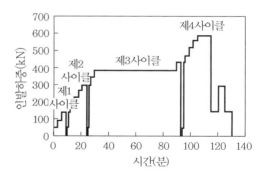

그림 3.4 A2 마이크로파일의 재하 방법

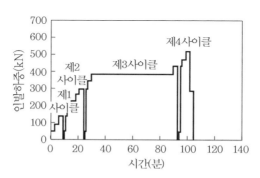

그림 3.5 A3 마이크로파일의 재하 방법

3.2.4 계측 계획

마이크로파일의 인발시험을 실시하면서 하중전이거동을 관찰하기 위하여 말뚝 본체 강관 및 강봉에 스트레인게이지를 부착하였다. 즉, 말뚝 본체 강관 및 강봉에 일정간격으로 부착된 스트레인게이지의 계측값과 말뚝 단면의 탄성계수를 통해 인발하중 작용 시 말뚝의 중심축에 작용하는 축하중을 측정할 수 있다. 즉, A1, A2, A3 마이크로파일은 두부에서 1.2m 깊이 위치부터 파일 선단 방향으로 70cm 간격으로 한 단면에 두 개씩 도합 20개의 스트레인게이지를 부착하여 마이크로파일이 인발될 때 하중전이거동을 측정할 수 있도록 하였다. 스트레인 제어기를 부착할 위치는 연삭하여 면처리를 정밀하게 실시한 후 스트레인게이지를 부착한다. 스트레인게이지를 부착한 후 마이크로파일 시공 과정에서 스트레인게이지의 손상 및 침수를 방지하기 위해 4중의 보호 및 방수처리를 한다. 사용된 스트레인게이지는 Tokyo Sokkikenkyujo(사)에서 생성된 2-wire system 90° 2-element cross stacked type이다.

3.3 마이크로파일의 축하중 거동

마이크로파일을 통해 지반에 전달되는 하중전이거동을 관찰하기 위하여 A1~A3 마이크로
파일에 설치된 스트레인게이지로 측정된 값에 의거하여 내부의 하중분포를 도시하면 각각 그림
3.6에서 3.8에 도시된 바와 같다. 단 부착한 스트레인게이지 중 일부는 불안정한 상태로 나타나
서 이들 측정치는 배제하고 정리하였다.

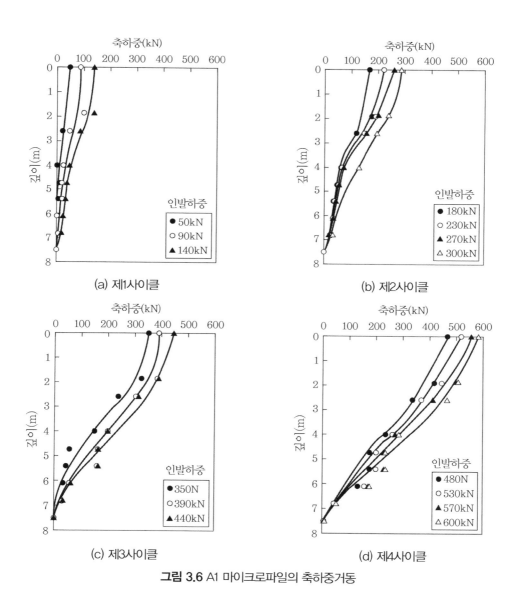

그림 3.6 A1 마이크로파일의 축하중거동

우선 팩마이크로파일 A1 말뚝의 축하중은 제1사이클에서 제4사이클에 대해 그림 3.6(a)∼(d)에 도시되어 있다. 이 그림에 의하면 인발하중이 증가할수록 마이크로파일에 발달하는 축하중은 증가하고 있음을 알 수 있다. 또한 축하중은 말뚝두부에서 말뚝선단으로 갈수록 거의 선형적으로 감소하여 말뚝선단에서는 미소한 양의 축하중만 작용하고 있음을 알 수 있다.

그림 3.7(a)∼(d)는 팩마이크로파일 A2 말뚝의 축하중거동을 제1사이클에서 제4사이클까지 정리한 결과다. 이 시험 결과도 A1 마이크로파일과 동일한 거동을 보이고 있다. 한편 일반 마이

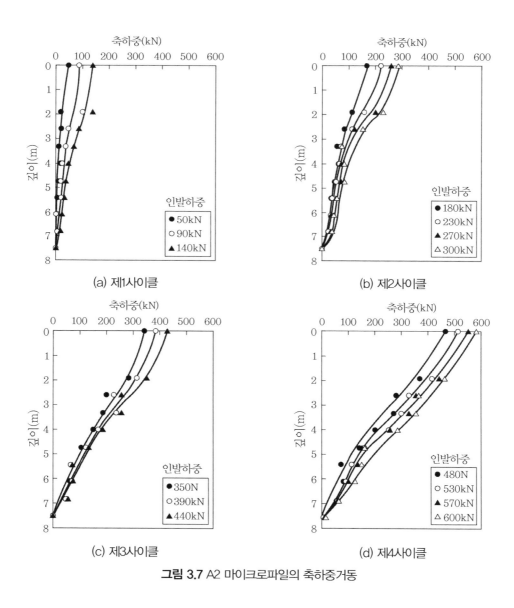

그림 3.7 A2 마이크로파일의 축하중거동

크로파일 A3 마이크로파일의 경우는 그림 3.8(a)～(d)에서 보는 바와 같이 깊이 4m 아래의 실트질 모래층에서 말뚝축하중이 A1, A2 팩마이크로파일에 비하여 작게 나타났다. 이는 팩마이크로파일의 경우는 가압 토목섬유팩의 효과에 의하여 실트질 모래층에서도 하중전이가 많이 발생하였다. 그러나 일반 마이크로파일에서는 상부 매립지반에서의 하중이 크게 발생하였고 하부 실트질 모래층에서는 하중전이가 크게 발생하지 못하였음을 의미한다.

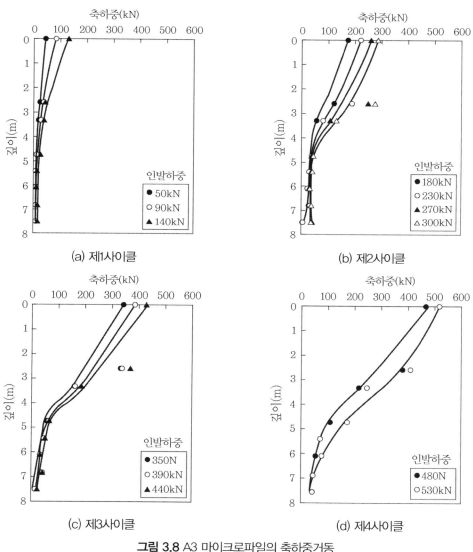

그림 3.8 A3 마이크로파일의 축하중거동

3.4 주면마찰력 특성

3.4.1 단위주면마찰력 거동

그림 3.9(a)~(c)는 A1, A2, A3 마이크로파일에서 측정된 축하중으로부터 환산한 단위주면
마찰력의 깊이별 분포도다.

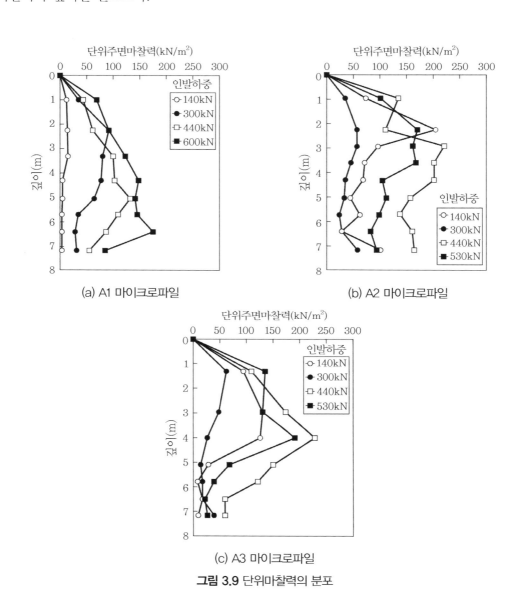

(a) A1 마이크로파일   (b) A2 마이크로파일

(c) A3 마이크로파일

그림 3.9 단위마찰력의 분포

여기에 도시된 단위주면마찰력은 각 말뚝에 실시된 인발시험에서 그림 3.7~3.8에 도시된 각 사이클별로 측정된 축하중 중 각 사이클의 마지막 인발하중, 즉 최대인발하중이 작용할 때 발생한 축하중에 의거 산정된 값이다. A1 마이크로파일의 경우 제1사이클의 마지막 최고인발하중이 140kN이며, 제2사이클에서 제4사이클까지의 최고인발하중은 각각 300, 440 및 600kN의 측정 결과만 도시하였다.

단위주면마찰력은 그림 3.6~3.8에 도시된 축하중도에서 인접한 깊이의 축하중 측정치의 차이를 그 사이의 해당 말뚝표면적으로 나눈 평균마찰력이다. 그림 3.9의 결과에 의하면 단위주면마찰력의 크기는 인발하중이 커질수록 크게 나타나고 있음을 알 수 있다. 즉, 인발하중이 커지면 말뚝과 지반 사이의 단위표면마찰력이 점차 크게 발달함을 알 수 있다. 이는 지반에 전달되는 하중의 크기도 점점 커짐을 의미한다고 할 수 있다. 동일한 특성을 가지는 A1, A2 팩마이크로파일에 발달하는 단위주면마찰력의 최대치는 비슷하게 나타나고 있다. 다만 발생 위치는 약간씩 차이가 있다. 또한 팩마이크로파일의 단위주면마찰력은 토목섬유팩을 사용하지 않는 일반 마이크로파일보다 크게 나타나고 있다.

3.4.2 지층별 단위주면마찰력

그림 3.10은 말뚝인발시험에서 측정된 두부인발변위량에 따라 마이크로파일의 주면에 발달한 단위주면마찰력을 지층별로 검토해본 결과다.

즉, 그림 3.1에 의하면 현장시험이 실시된 지반은 지표상부 4.5m 깊이까지 매립토층이 분포되어 있고 그 아래 실트질 모래층이 분포되어 있으므로 이들 두 개 층에 대하여 각각 검토해본다.

우선 마이크로파일 A1 및 A2의 두 마이크로파일에 대하여 매립토층과 실트질 모래층에 속하는 각각의 심도에서 측정한 축하중으로부터 산정한 모든 단위주면마찰력을 그림 3.10(a)에 도시하였다. 모든 단위마찰력의 최댓값의 포락선은 그림 중 도시한 실선과 같다. 즉, 단위마찰력이 점차 발달하여 최대로 발달하였을 때 발휘되는 단위주면마찰력이라 할 수 있다.

이 결과에 의하면 매립토층에서는 말뚝두부변위량이 30mm에 도달하였을 때 단위주면마찰력은 150kN/mm²에 수렴하고 있음을 보여주고 있으며, 실트질 모래층에서는 말뚝두부변위가 50mm에 이를 때 단위주면마찰력의 수렴치는 170kN/mm²에 이르렀음을 보여주고 있다.

한편 토목섬유팩을 사용하지 않은 일반 마이크로파일인 A3 마이크로파일의 경우는 그림 3.10(b)에서 보는 바와 같다. 이 그림 속에 참고로 그림 3.10(a)의 팩마이크로파일에서 구한 추세선을 함께 도시하였다.

　이 결과에 의하면 우선 매립토층의 경우 팩마이크로파일의 결과와 거의 일치하고 있다. 따라서 매립층에는 토목섬유팩의 효과가 미미함을 보여주고 있다. 이는 매립층이 비교적 지표면부분에 위치하고 있어 토목섬유팩의 주입압 효과가 그다지 크게 발휘되지 않은 것으로 생각된다.

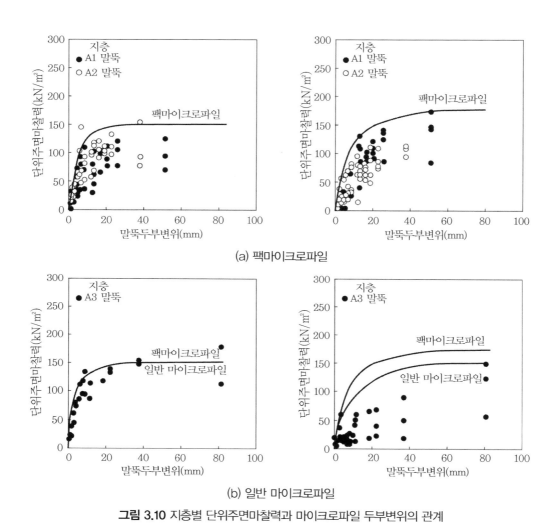

(a) 팩마이크로파일

(b) 일반 마이크로파일

그림 3.10 지층별 단위주면마찰력과 마이크로파일 두부변위의 관계

　실트질 모래층의 경우는 일반 마이크로파일에서 발달한 단위주면마찰력이 팩마이크로파일에서 발달한 단위주면마찰력보다 작게 나타나고 있음을 알 수 있다. 즉, 팩마이크로파일의 경우는 단위주면마찰력의 수렴치는 170kN/m²으로 발휘되고 있으나 토목섬유팩을 사용하지 않는 일

반 마이크로파일에는 최대 150kN/m² 정도의 단위주면마찰력밖에 발달하지 않았다. 이는 팩마이크로파일에서는 주입제와 주입압을 적용하여 마이크로파일의 직경을 확대시킬 경우 말뚝 주면에는 단위주면 마찰력 증대 효과가 있었음을 의미한다.

일반 마이크로파일이 설치된 실트질 모래층에서는 말뚝두부변위가 80mm에 도달하기까지는 단위주면마찰력이 충분히 발달하지 못하고 있음을 보여주다가 80mm 두부변위에서 수렴치에 접근하였다고 할 수 있다. 즉, 말뚝주면에서 마찰저항력이 아직 충분히 발달하지 못하고 계속 발달하는 과정에 있다고 할 수 있다. 그러나 토목섬유팩을 사용하여 단면을 확대시킨 경우는 실트질 모래 주변 토목섬유팩 내부 그라우트 주입재의 가압효과에 의해 주변지반이 압축하여 다져졌고 이로 인한 단위주면마찰력이 증대되었다. 따라서 토목섬유팩의 효과는 지표면 부근에서는 적고 깊이가 깊은 위치에서 크게 나타남을 보여주고 있다.

한편 그림 3.11은 그림 3.1과 유사한 하상퇴적층지반에 설치된 직경 1.8m, 길이 19.7m의 대구경 현장타설말뚝의 단위주면마찰력을 조사한 결과다.[11] 그림 3.11에 의하면 모래층에 설치된 대구경 현장타설말뚝의 단위주면마찰력은 40kN/m² 정도로 발달하였음을 알 수 있다. 그러나 이 지층과 유사한 실트질 모래층에 설치된 마이크로파일의 단위주면마찰력은 그림 3.10에서 보는 바와 같이 150~170kN/m² 정도로 발달하였음을 알 수 있다. 따라서 마이크로파일에서 발달하는 단위주면마찰력이 대구경 현장타설말뚝에서 발달하는 단위주면마찰력보다 큼을 알 수 있다.

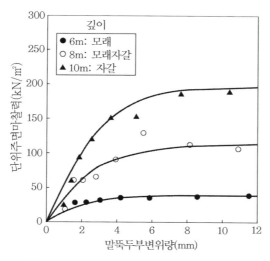

그림 3.11 대구경 현장타설말뚝의 단위주면마찰력[11]

이러한 차이가 발생한 원인으로는 크게 두 가지를 고려할 수 있다. 먼저 말뚝의 단면적 대비 마찰면적의 차이에 의한 영향을 들 수 있다. 즉, 마이크로파일은 단면적 대비 마찰면적이 크기 때문에 마찰력의 역할이 대구경 말뚝보다 크게 발휘될 수 있음을 들 수 있다.

다음으로는 말뚝과 지반 사이에서의 전단속도의 차이에 의한 영향을 들 수 있다. 그림 3.10의 마이크로파일은 인발시험에 대한 결과이므로 압축하중에 대한 시험 결과인 그림 3.11의 대구경 현장타설말뚝의 경우보다 말뚝과 지반 사이에서의 전단속도가 훨씬 빨랐을 것이다. 일반적으로 전단속도가 빠르면 전단강도는 크게 측정된다.

3.5 고찰

A1, A2 팩마이크로파일의 특징은 내부강관을 토목섬유팩으로 감싸고 주입압을 가함으로써 천공벽에 $1300kN/m^2$ 이내의 수평압력을 가하는 점을 들 수 있을 것이다. 이 수평압력은 말뚝 주면에 수직응력에 비례하는 전단저항력을 증대시킬 수 있는 기능을 가지게 함으로써 인발저항력 혹은 압축저항력을 증대시키게 하는 목적을 가지고 있다. 그러나 이 수평압력은 주입압을 가하는 시공단계에서는 큰 수평응력을 발생시켜 천공직경을 확대시키는 데는 분명히 기여하였으나 장기적으로는 직경 확대 후에는 소멸되어 결국 원지반에서의 응력상태, 즉 K_0 응력상태에 도달할 것이다. 결국 이런 과정을 거치면서 얻을 수 있는 효과는 마이크로파일의 단면적 확대효과와 주면지반 압축효과의 두 가지로 크게 구분할 수 있다.

우선 마이크로파일의 단면적 확대에 의한 마찰면적 확대효과에 대하여 고찰해보면, 팩마이크로파일은 통상적으로 사용되는 일반 마이크로파일(직경 155mm)에 토목섬유팩을 감싸고 그라우트 주입제와 주입압으로 220mm까지 직경을 확대시킨 마이크로파일이다(그림 3.2(b) 마이크로파일 단면도 참조). 결국 이로 인하여 말뚝단면적은 두 배로 늘어났고 마찰면적은 40% 늘어나는 효과를 얻을 수 있었으므로 마이크로파일의 인발저항력을 크게 증대시킬 수 있었다.

또한 단면적이 늘어나면 단면적 대비 마찰면적의 비는 감소하게 된다. 예를 들면, 직경 152mm의 강관지지형 일반 마이크로파일은 단면적 대비 마찰면적의 비가 207배가 되지만 직경 220mm의 복합지지형 토목섬유 팩마이크로파일은 146배가 된다. 이 비율이 높을수록 마이크로파일의 인발저항력의 지배적 요인은 말뚝의 재료강도가 되기 쉽다. 이 경우 말뚝의 인발저항력은 마찰저항력보다는 재료강도에 의하여 결정된다. 따라서 마이크로파일의 단면적이 커지면 재료강도에 의한 파괴 메커니즘보다는 주면마찰력에 의한 파괴 메커니즘의 가능성이 높아질 수 있다.

다음으로는 주변지반의 압축효과를 들 수 있다. 토목섬유팩 내부 그라우트 주입압에 의하여 천공직경이 152mm에서 220mm까지 확대되므로 확대된 부분의 체적만큼의 토사는 주변지반으로 밀려나게 된다. 이 밀려난 토사는 주변지반을 압축시키고 수평응력을 증대시키므로 마찰저항력을 증대시키는 데 기여할 것이다. 결국 이러한 마찰저항력의 증대는 말뚝의 인발저항력을 증대시키는 데 기여하게 된다.

3.6 결론

보강재 주위에 토목섬유팩을 감싸고 그 속에 주입압을 가한 팩마이크로파일의 말뚝인발시험을 일반 마이크로파일의 말뚝인발시험과 비교하여 그 효과를 비교 검토해보았다. 인발하중을 받는 이들 마이크로파일의 주변에 발달하는 마찰력을 현장시험을 통하여 관찰한 결과에 대한 고찰을 통하여 얻은 결론을 정리하면 다음과 같다.

(1) 마이크로파일의 주면에서 발달하는 단위주면마찰력은 말뚝두부의 인발변위량의 증가와 함께 서서히 증가하여 한계상태에 도달한 한계변위량에서 수렴치에 도달한다. 이 한계변위량은 마이크로파일의 종류에 무관하게 지층의 종류에 따라 다르게 나타난다.

(2) 신개념을 도입한 팩마이크로파일의 인발저항력은 통상적으로 사용하는 강관지지형 일반 마이크로파일의 인발저항력보다 크게 나타난다. 이러한 결과의 원인으로는 마이크로파일의 단면적 확대효과와 주면지반 압축효과를 들 수 있다.

(3) 팩마이크로파일의 토목섬유팩 내 주입압이 주변지반을 압축시키는 효과는 지표면보다 깊은 지층에서 크게 나타난다. 즉, 매립토층에서는 팩마이크로파일과 일반 마이크로파일 모두 단위주면마찰력의 수렴치가 동일하였다. 그러나 매립토층 아래에 있는 실트질 모래층에서는 팩마이크로파일의 단위주면마찰력 수렴치가 일반 마이크로파일에 대한 단위주면마찰력의 수렴치보다 크게 발휘되었다.

(4) 말뚝 주면에서 발달하는 단위주면마찰력은 말뚝의 직경이 작은 경우가 더 크게 발달한다.

즉, 마이크로파일의 주면에서 발휘되는 단위주면마찰력은 대구경 현장타설말뚝의 주면에서 발휘되는 단위주면마찰력보다 크게 나타난다. 이러한 차이가 발생한 원인으로는 두 종류의 말뚝에 대한 단면적 대비 마찰면적의 차이에 의한 영향과 말뚝과 지반 사이에서의 전단속도의 차이에 의한 영향을 들 수 있다.

● 참고문헌 ●

(1) ASTM(1994), "Standard Test Methods for Deep Foundations Under Static Axial Tensile Load", *The Annual Book of ASTM Standards D3689, CD-Rom, Soil and Rock*(1).

(2) Cadden, A., Gomez, J., Bruce, D., and Armour, T.(2004), "Micropiles: recent advances and trends", *Deep Foundation*, pp.140-165.

(3) Choi, C., Goo, J., Lee, J.H., Cho, S.D., and Jeong, J.H.(2008), "Development of New Micropiling Technique and Field Installation", *Korean Geotechnical Society Spring National Conference*, March 27, pp.571-578(in Korean).

(4) Choi, C., Goo, J, Lee, J.H., and Cho, S.D.(2009), "Development of new micropiling method enhancing frictional resistance with geotextile pack", *Proc. of 9th International Workshop for Micropiles*, London, May 11.

(5) Choi, Y.S.(2010), A Study on Pullout Behavior of piles Embedded in Cohesiveless Soils, *Master's thesis, Chung-Ang University*, pp.1-14.

(6) DIN(1983), Small Diameter Injection Piles(Piles and Composite Pile), *DIN-4128*, April, pp.2-7.

(7) FHWA(2000), *Micropile Design and Construction Publication*, No.FHWA-SA-97-070.

(8) FHWA(2005), *Micropile Design and Construction*, NHI05-039, pp.7-1-7-28.

(9) Han, J, and Ye, S.(2006), "A field study on the behavior of micropiles in clay under compression or tension", *Canadian Geotechnical Journal*, Vol.43, pp19-29.

(10) Hong, W.P.(1995), "A Study on stabilizing Methods for Landslide Control by Micropile", *A Research Paper. Chung-Ang University*(in Korean).

(11) Hong, W.P., Yea, G.G., and Lee, J.H.(2005), "Evaluation of Skin Friction on Large Drilled Shaft", *Journal of Korea Geotechnical Society*, Vol.21, No.1, pp.93-103(in Korean).

(12) Hong, W.P., Hong, S., Lee C.M., and Kim, J.H.(2010), "Model tests to evaluate uplift capacity of micropiles in sand", *Proceedings of the 9th Japan/Korea Joint Seminar on Geotechnical Engineering*, Edited by Ken-chi Tokdia & Kazuhiro Oda, Japan, pp.175-183.

(13) Huang, Y., Hajduk E.L., Lipka D.S., and Adams, J.C.(2007), "Micropile load testing and installation monitoring at the cats vehicle maintenance facility", *GSP 158 Comtemporary Issues in Deep Foundations*, Geo-Denver 2007, New Peaks in Geotechnics.

(14) Korea Society of Civil Engineering(1988), "Research of Micropile study on Design and

Construction Technology", *A Research Paper*(in Korean).

(15) Korea Institute of Construction Technology(2009), "Research of Composite Supported Micopile Method", *A Research Paper*(in Korean).

(16) Koreck, H.W.(1978), "Small diameter bored injection piles", *EMAP CONSTRUCT LIMIT*, Vol.11, Issue number 4, pp.14-20.

(17) Littlejohn, G.S.(1993), *"Soil Anchorages", in Underpinning and Retention*, Edited by S. Thorburn and G.S. Litteljohn, Published by Blakie Academic and Professional, pp.84-156.

(18) Mascardi, C.A.(1982), "Design criteria and performance of micropiles", *Symposium on Recent Developments in Ground Improvement Techniques*, Bangkok, 29 Nov.-3 Dec.

(19) Ministry of Land, Transport and Maritime Affairs(2008), Retrofit and Rehabilitation of Urban Building Structure R&D, *A Research Paper*, A01, pp.93-99(in Korean).

(20) Misra, A., and Chen, C.(2004), "Analytical solution for micropile design under tension and compression", *Geotechnical and Geological Engineering*, Vol.22, pp.199-225.

(21) Misra, A., Roberts, L.A., Oberoi, R., and Chen, C.H.(2007), "Uncertainty analysis of micropile pullout based upon load test results", *Journal of Geotechnical and Geoenvironmental Engineering*, ASCE, Vol.133, No.8, pp.1017-1025.

Chapter

04

마이크로파일의 인발저항력 예측

마이크로파일의 인발저항력 예측

4.1 서론

지하수위가 높은 해안지방에 수 개 층의 지하층이 있는 고층건물이 축조되는 경우가 있다. 이 경우 높은 지하수위로 인한 고압의 부력이 건물에 작용하게 된다. 더욱이 지하철이나 지하철도와 같은 지하구조물이 지중에 축조될 경우도 부력에 대하여 고려해야 한다.[1,2]

이 고압의 부력에 의해 지하구조물의 일부가 들려서 균열 등의 심각한 변형이 벽체나 구조물 바닥에 발생할 수 있다. 그 밖에도 바람이나 얼음, 부서진 전선으로 인하여 전기철탑이 전도하면 철탑기초의 한 부분이 들려 기초에 인발력이 작용한다. 이 기초의 인발력은 팽창성 지반에서도 발생할 수 있다.[6,11,25]

이 경우 구조물이나 후팅기초는 압축력만 받을 뿐만 아니라 인발력도 받게 된다.[19] 따라서 설계단계에서 압축력과 인발력 모두에 대하여 검토해야 한다.[18] 이와 같은 구조물이나 후팅기초의 인발력 문제에 대한 대책으로 인발말뚝(uplift pile), 인장말뚝(tention pile) 및 마이크로파일이 사용된다.[3,4,14,19]

마이크로파일을 적용한 경우 인발력에 저항하기 위해 적용하는 마이크로파일의 인발력 저항기능은 그림 4.1과 같다. 즉, 인발력에 저항하기 위해 건물이나 후팅기초 아래에 수 열의 마이크로파일을 사용하기도 한다. 이때 사용되는 마이크로파일로는 직경이 300mm 이하의 작은 직경의 말뚝을 5m 또는 10m 길이로 사용한다.

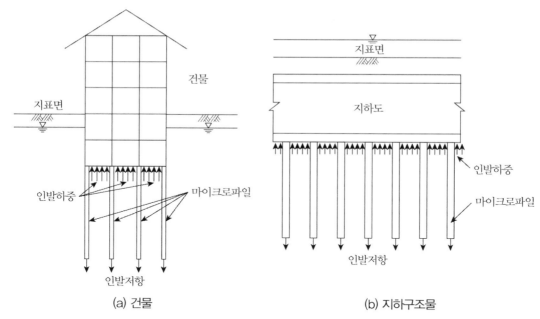

(a) 건물　　　　　　　　　　(b) 지하구조물

그림 4.1 인발력에 저항하는 마이크로파일

　　마이크로파일의 인발저항에 대한 초기의 연구[7,17]에서는 마이크로파일의 인발저항력은 마이크로파일의 측표면, 즉 말뚝과 지반 사이의 말뚝표면에 발달하는 단위마찰저항력에만 의존하여 저항한다고 생각하였다. 그러나 최근 연구에서는 말뚝의 인발저항은 말뚝의 하부와 상부로 구분하여 고려해야 된다고 한다.[17,22] 즉, 말뚝의 하부에서는 말뚝표면에 발달하는 단위마찰저항력에 의하여 발휘되고 말뚝의 상부에서는 지중 말뚝주변에 발달하는 지중파괴면에서 발달하는 전단저항에 의하여 발휘된다고 발표하고 있다.[3,22] 하지만 아직 정확한 메커니즘은 파악되지 않고 있다.

　　따라서 본 연구에서는 마이크로파일의 정확한 인발저항 메커니즘을 먼저 규명하고자 한다. 최근 연구 결과에 의하면 마이크로파일의 인발저항력은 마이크로파일의 주변 지중에 발달하는 파괴면의 형상에 의하여 주로 결정되므로 마이크로파일의 인발저항 메커니즘을 규명하려면 지중 마이크로파일 주변의 지반 속에 발달하는 지중파괴면의 형상을 먼저 규명해야 한다. 따라서 먼저 모래지반 속에 관입된 마이크파일 주변지반에서 발달하는 지중파괴면을 파악하기 위한 모형실험을 첫 번째로 실시한다. 첫 번째 모형실험 결과에서 파악된 말뚝 주변 지중파괴면의 형상에 의거하여 지중에 설치된 마이크로파일의 인발저항력을 산정할 수 있는 이론해석을 실시한다. 그런 후 이 이론해석의 신뢰성을 검증하기 위해 두 번째 모형실험으로 인발저항력의 실험치를 구하여 이론치와 비교해본다.

끝으로 본 연구에 제시된 이론에 의한 예측치를 이전 문헌에 발표된 실험치[7,10,22]와 비교하여 본 연구에서 제시된 이론의 신뢰성을 여러 조건하에서 더욱 검증해본다.[5]

4.2 기존 연구

앞에서 언급한 구조물에 작용하는 부력에 대응하기 위해 인장말뚝[12,15]이나 마이크로파일이 주로 사용된다.[3,8,9,14,19] 이러한 부력에 대한 대책으로 마이크로파일을 사용할 경우 마이크로파일이 인발력에 저항하는 메커니즘은 그림 4.1과 같다. 즉, 부력에 저항하기 위해 그림 4.1에서 보는 바와 같이 건물과 후팅 아래에 수 열의 마이크로파일을 사용한다.[23]

지중에 설치된 마이크로파일이 인발력에 저항하는 방법은 두 가지가 있다. 하나는 마이크로파일과 지반 사이의 마이크로파일의 표면마찰력에 의한 기여며,[7,17] 다른 하나는 마이크로파일 주변 지중에 발달하는 지중파괴면에서의 전단저항에 의한 기여다.[3,5,22] 우선 마이크로파일의 표면마찰력은 실내실험[1,4,8,9,15]이나 현장실험[13,24]에서 구할 수 있다. 이 경우 마이크로파일의 표면마찰력은 지반의 특성뿐만 아니라 마이크로파일의 설치 방법에도 의존한다. 즉, 마이크로파일의 표면마찰력은 지반의 내부마찰각에 의한 인발계수[7,13,17,24]에 의해 결정된다. 몇몇 연구에서는 압축말뚝에 적용되는 동일한 인발계수를 사용하기를 제안하였다.[13,24] 그러나 Poulos and Davis(1980)[21]는 압축말뚝에 사용한 인발계수로 산출한 인발저항력의 2/3의 감소계수를 적용하기를 제안하였다. 후일 Meyerhof(1973)[17]는 모래에 관입된 앵커의 모형실험으로 지반의 내부마찰각에 따라 인발계수 K_u는 0.6에서 3.8 사이의 값으로 나타남을 밝혔다. Meyerhof(1973)는 이 인발계수 K_u에 근거하여 인발저항력을 산정하는 방법을 제시하였다. Meyerhof(1973)는 이 연구에서 말뚝의 근입길이가 증가할 때 인발저항력이 증가한다고 하였다.[17]

그러나 Das(1983)가 실시한 모형실험에서는 말뚝주변의 표면마찰력이 증가하는 한계깊이가 존재함을 밝혔다. 즉, 말뚝의 표면마찰력은 한계근입비(한계깊이를 말뚝직경으로 나눈 값)에서 일정한 값을 보였다. Das(1983)는 이 한계깊이비가 지반의 상대밀도에 의존한다 하였다. 즉, 말뚝의 표면마찰력을 평가하는 중요한 요소 중에 하나가 말뚝과 지반 사이의 마찰각이라 하였다.[7,9,17] 이 마찰각은 지반의 상대밀도에 관련된 내부마찰각의 0.4배에서 1배 사이임을 보였다.[9] 그러나 NAVFAC DM 7.2(1984)[20]에서는 콘크리트말뚝의 경우는 내부마찰각의 2/3를, 강말뚝의 경우는 20°를 취하도록 제안하였다.

반면에 일부 연구[3,16,22]에서는 말뚝이나 후팅의 인발저항력이 말뚝 주변 지중에 발달하는 파괴면에 의존한다고 하였다. Matsuo(1968)[16]는 후팅의 인발저항력은 후팅의 하단 끝에서 나선 모양으로 발달하는 파괴면에서 발휘된다고 하였다.

Chattopadhyay & Pise(1986)[3]도 파괴면이 곡면을 이룬다고 가정하여 인발저항력 예측법을 제안하였다 그러나 이 지중파괴선은 너무 복잡하여 실제 현장에 적용하기가 어렵다. 한편 Shanker et al.(2007)[22]은 파괴면이 말뚝선단에서 연직면과 $\phi/4$(여기서 ϕ는 지반의 내부마찰각) 각도로 지중에 콘 모양으로 발달한다고 가정하였다.

4.3 모형실험

4.3.1 모형실험장치

두 종류의 모형실험이 실시된다. 첫 번째 실험(이하 지반변형실험이라 부른다)은 말뚝이 인발될 때 말뚝 주변에 발생하는 지중파괴면 형상을 규명하기 위한 목적으로 실시한다. 한편 두 번째 실험(이하 인발실험이라 부른다)은 지중에 관입된 마이크로파일의 인발저항력을 측정할 목적으로 실시한다. 본 모형실험장치의 개략도는 그림 4.2와 같다.

(1) 인발실험장치

인발시험장치는 그림 4.2에서 보는 바와 같이 네 부분(모형토조, 모형 마이크로파일, 인발장치, 기록장치)으로 구성되어 있다. 모형토조의 크기는 높이 80cm, 폭 38cm, 길이 83cm의 아크릴 상자다(그림 4.2 및 4.3(a) 참조). 이 아크릴판은 두께가 2cm로 충분한 강성을 갖는 재질로 조성하였다. 토조의 외측은 철재로 보강하여 강성을 보완하였다. 그리고 토조를 쉽게 움직이게 하기 위해 토조의 바닥에는 네 개의 바퀴를 달았다.

모형실험에는 15mm 직경의 알루미늄 모형 마이크로파일을 사용하였다. 마이크로파일의 표면을 거칠게 하기 위해 모형 마이크로파일의 측면에 접착액을 바르고 모형실험에 사용한 동일한 모래를 붙였다. 모터와 강선을 모형 마이크로파일에 연결하여 변형률 제어방식으로 인발실험을 실시하였다. 즉, 모형 마이크로파일을 그림 4.2(b)에서 보는 바와 같이 강선으로 인발장치에 연결시켰다. 모터로 인발속도를 0.5m/min의 일정한 속도로 들어 올렸다.

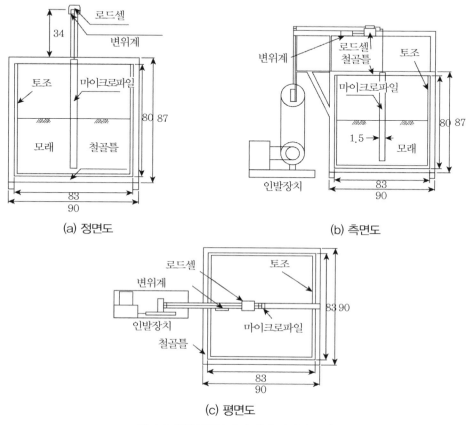

(a) 정면도   (b) 측면도

(c) 평면도

그림 4.2 인발실험장치의 개략도(단위: cm)

실험장치 중 기록장치의 중요한 부분은 하중계, 변위계, 데이터로거 및 컴퓨터로 구성된 계측시스템이다. 하중계는 최대용량이 490N이고 변위계는 최대변위 10cm다. 데이터 로저는 하중계와 변위계의 측정값을 컴퓨터에 저장시키기 위하여 연결시키는 장치다.

(2) 지반변위 실험장치

파괴는 축대칭 상태에서 3차원으로 발생하기 때문에 마이크로파일 주변 지중의 파괴면의 형상을 직접 관찰할 수는 없다. 이러한 3차원의 문제 때문에 지중의 파괴면을 관찰할 수 있는 3차원의 축대칭의 대안으로 차원을 하나 줄인 2차원의 말뚝 대신 지중연속벽의 평면변형률 상태를 적용할 수 있다. 즉, 마이크로파일의 3차원의 인발시험 대신 2차원의 지중연속벽체의 패널 주변 지반의 평면변형률 상태에서의 지중연속벽의 패널 인발시험을 적용할 수 있다.

즉, 그림 4.3(b)에서 보는 바와 같이 지중연속벽은 패널의 형상 이외에 패널의 인발실험은 토조 속에 지중연속벽의 인발시험으로 마이크로파일의 인발실험과 동일한 원리로 실시된다. 이와 같이 지중에 발생하는 파괴면을 관찰하기 위하여 투명한 아크릴판을 사용한다. 토조의 크기는 그림 4.3(b)에서 보는 바와 같이 길이 83cm, 폭 38cm, 높이 80cm다.

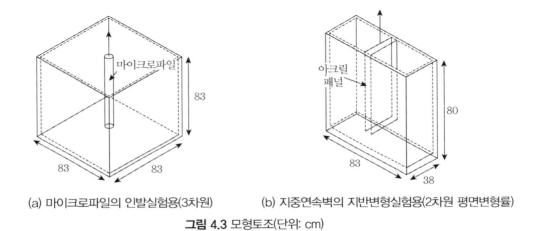

(a) 마이크로파일의 인발실험용(3차원)　　(b) 지중연속벽의 지반변형실험용(2차원 평면변형률)

그림 4.3 모형토조(단위: cm)

패널 주변의 지반변형실험에 사용된 패널의 지중연속벽은 높이가 76cm, 폭이 26cm, 두께가 2cm인 투명판이다. 패널 표면을 거칠게 하기 위해 패널 표면에 접착제를 바른 후 실험에 사용한 동일한 모래를 부착한다. 실험을 실시하는 동안 이 모래가 떨어져 나가므로 모래는 매 실험 후 다시 부착시킨다. 이렇게 조성한 지중연속벽은 패널의 상부에 철선으로 인발장치에 연결하여 매단다. 이 철선의 인장력을 측정하기 위해 마이크로파일의 인발실험기와 동일하게 인발장치에 연결한다.

4.3.2 모형지반

모형지반은 모래로 조성하였다. 지반변형실험에서는 깨끗하고 균일한 입경의 모래를 사용하여 지반의 변형을 관찰하였다. 반면에 인발실험에서는 모형지반을 세립의 실리카를 사용하였다. 세립의 실리카는 실제 지반을 나타낼 수 있었다. 지반변형실험에 사용한 모래는 대한민국의 북한강에서 채취하였다. 채취한 모래는 건조시켜 16번 채(1.19mm)로 거르고 물속에서 씻은 후 오븐에서 24시간 건조시켰다. 균일하고 균등한 조립의 모래입자의 특성은 유효입경이 1.1mm고 균등계수가 2.32, 곡률계수 0.91, 비중이 2.66, 최대 최소 건조중량은 각각 15.30kN/m^{3}과 13.14 kN/m^{3}다(이는 최대 최소 간극비가 각각 1.01과 0.71에 해당함).

지반변형실험에서 모형지반은 세 가지 상대밀도 40, 60 및 80%로 조성하였다. 이 실험에서 각각 다른 중량의 모래를 비산낙하법으로 토조에 떨어뜨려 조성하였다. 이렇게 조성한 모형 모래지반은 느슨한 밀도지반의 경우($D_r = 40$%에 해당) 내부마찰각이 0.71rad($\phi = 40.68°$), 단위중량이 13.83kN/m^{3}이며 중간 밀도지반의 경우($D_r = 60$%에 해당) 내부마찰각이 0.72rad($\phi = 41.25°$), 단위중량이 13.83kN/m^{3}였다. 한편 조밀한 밀도지반의 경우는 $D_r = 80$%에 해당) 내부마찰각이 0.79rad($\phi = 45.26°$), 단위중량이 14.71kN/m^{3}였다.

한편 인발실험에 사용된 모형지반은 한국의 표준사인 주문진표준사를 사용하였다. 주문진표준사는 유효입경이 0.41mm, 균등계수가 2.57, 곡률계수가 0.99, 비중이 2.65, 최대·최소 건조중량이 각각 15.79kN/m^{3}과 13.73kN/m^{3}다. 인발실험에 사용된 모형지반은 세 가지 상대밀도 40, 60 및 80%로 조성하였다. 이 인발실험에서도 비산낙하법으로 모형지반을 조성하였다. 이렇게 조성한 모형지반은 상대밀도 40%의 느슨한 지반의 경우($D_r = 40$%에 해당) 내부마찰각이 0.66rad($\phi = 37.8°$)이고 단위중량이 14.79kN/m^{3}였으며, 중간 밀도지반의 경우($D_r = 60$%에 해당) 내부마찰각이 0.73rad($\phi = 41.7°$), 단위중량이 15.04kN/m^{3}였다. 한편 조밀한 밀도지반의 경우는 ($D_r = 80$%에 해당) 내부마찰각이 0.76rad($\phi = 43.6°$), 단위중량이 15.29kN/m^{3}였다.

4.3.3 실험 계획

(1) 인발실험

마이크로파일을 안전하게 매달려 있을 때까지 모형 마이크로파일을 토조 중앙에 매달아 놓는다. 그런 후 주문진 표준사를 미리 정해진 높이에서 떨어뜨려 모형지반의 밀도를 맞춘다. 이때 모형 마이크로파일이 정해진 깊이로 모형지반에 근입될 수 있게 한다. 마지막으로 0.5mm/min의 인발속도로 모형 마이크로파일이 인발될 수 있도록 모형말뚝에 인발력을 가한다.

각 인발실험에서 두 번의 모형실험을 실시하여 측정값을 평균하여 오차를 최소화시킨다. 모형실험은 '짧은 마이크로파일'과 '긴 마이크로파일'에서 모두 근입비가 다양하게 되도록 실시한다 (여기서 근입비는 말뚝의 근입깊이를 말뚝 직경으로 나누어 구함). 즉, 모형지반의 세 가지 밀도 (상대밀도가 40, 60 및 80%인 모형지반)의 모형지반에 대하여 근입비는 4~25 사이에 실시하였다. 실험 중 마이크로파일의 인발력과 인발변위를 측정하여 컴퓨터에 저장하였다.

(2) 지반변형실험

먼저 토조면을 밖에서 용이하게 관찰하기 위하여 토조 아크릴면을 깨끗이 씻었다. 다음으로 지중연속벽에 해당하는 패널을 토조 중앙에 매달고 모래를 정해진 높이에서 비산낙하시킨다. 각 실험에서 토조지반을 조성할 때 두께 3cm의 흑모래띠를 배치한다. 흑모래띠에 쓰이는 흑모래는 모래를 흑연으로 코팅하여 만든다. 모형지반과 중앙 패널을 설치한 후 0.5mm/min의 변형속도로 패널에 인발력을 가한다. 실험 중 패널의 인발력과 인발변위를 측정하여 컴퓨터에 저장한다. 동시에 패널 주변의 지반변형을 사진 촬영한다. 그림 4.4는 지반변형실험으로 측정한 패널의 인발력과 인발변위의 관계를 도시한 그림이다. 즉, 그림 4.4(a)는 느슨한 지반에서 실시한 실험 결과며, 그림 4.4(b)는 중간 밀도의 지반에서 실시한 실험 결과고, 그림 4.4(c)는 조밀한 지반에서 실시한 실험 결과다.

이들 그림에 나타난 근입비는 패널의 길이(깊이 방향)와 패널의 두께로 산정된다. 예를 들어, 패널의 길이가 30cm인 경우 패널의 근입비는 15가 된다. 이는 마이크로파일의 경우 말뚝의 깊이방향 길이와 말뚝 직경에 해당한다. 실험 결과의 반복성을 검증하기 위해 지반변형실험은 동일한 조건에서 세 번씩 실시하였다.

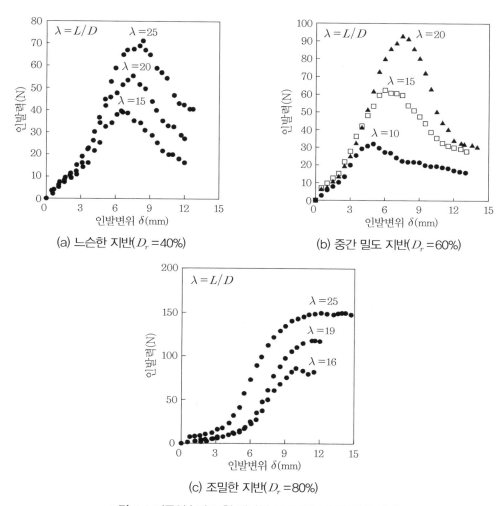

(a) 느슨한 지반(D_r=40%)

(b) 중간 밀도 지반(D_r=60%)

(c) 조밀한 지반(D_r=80%)

그림 4.4 지중연속벽 모형 패널의 인발력과 인발변위의 관계

4.4 인발실험 결과

각 상대밀도에서의 모형 마이크로파일의 인발저항력은 모형실험 중 측정된 인발력과 인발변위의 관계로부터 결정된다. 이 연구에 거론된 인발저항력은 인발력의 첨두치에 해당한다.

상대밀도 40, 60, 80% 모형지반에 대한 인발실험에서 인발력과 변위 사이의 관계는 그림 4.4와 같다. 비록 상대밀도가 달라도 각 실험에서 일반적인 거동을 보인다. 마이트로파일의 인발 거동은 탄성, 소성, 소성연화 거동을 보이고 있다. 지반의 밀도가 증가할수록 인발력의 첨두치에서의 인발력과 인발변위는 증가한다. 그림 4.4(a)는 느슨한 지반에서의 인발력과 인발변위의 관계를 보여주고 있다. 이 그림에는 근입비 15, 20, 25인 경우가 정리되어 있다. 근입비의 증가에 따라 탄성 범위가 증가하였다. 근입비가 15, 20, 25인 경우는 인발변위가 3, 4, 5mm 부근까지는 탄성을 보이고 있다. 그런 후 근입비가 15, 20, 25인 모형 마이크로파일의 인발력의 첨두치 혹은 모형 마이크로파일의 인발력은 40, 55, 70N에 도달하였다. 한편 중간 정도 밀도의 지반의 경우 마이크로파일의 인발거동은 그림 4.4(b)에서 보는 바와 같다. 그러나 조밀한 지반의 경우는 그림 4.4(c)에서 보는 바와 같이 첨두 후 연화거동이 충분하게 얻어지지는 못했다.

4.5 지반변형실험 결과

4.5.1 지반변형 관찰

인발된 패널 주변지반은 그림 4.5에서 보는 바와 같다. 지중의 파괴면 형상은 지반변형을 관찰하여 파악할 수 있었다.

즉, 패널 주변의 흑모래띠의 초기 위치로부터 변위를 관찰하여 파악할 수 있다. 이와 같이 패널 주변지반의 변형은 흑모래띠의 거동을 관찰하여 조사된 결과다. 그림 4.5는 세 가지 밀도 지반 속 지중연속벽 주변지반의 변형을 보여주고 있다. 이 지반변형은 패널 주변지반 속에 발생하는 파괴선을 도시하고 있다. 지반파괴선은 연직선과 β각도를 이루는 파괴면으로 근사시킬 수 있다.

그림 4.5에 지표면의 횡방향 흑모래띠의 원래 위치는 흰색 수평 점선으로 도시하였다. 이 수평 점선 중 패널 부근에서는 원래의 흑모래띠선이 패널의 인발력 효과에 의해 일부는 들렸고 나머지 부분은 변하지 않은 상태로 남아 있다. 이때 인발 시 지표면에 도시된 바와 같이 흑모래 띠가 원래의 위치에 수평으로 있다가 패널 부근에서 변곡점이 보이며 그 변곡점에서부터 흰색 점선이 이동하였음을 알 수 있다. 이 변곡점은 깊이가 증가할수록 패널에 점차 가까워져서 한계 근입깊이 L_{cr}에서는 패널의 한 점에서 모인다. 즉, 파괴면은 이 패널에 합쳐진 위치에서부터 지 표면까지를 연결하여 구한다. 이 파괴면은 지반의 소성변형과 탄성변형의 경계에 해당한다. 즉, 변곡점을 연결한 파괴점에서 패널면 사이의 흙은 변형이 큰 소성변형상태에 있으며, 그 경계면 밖의 흙은 탄성변형 상태에 있다.

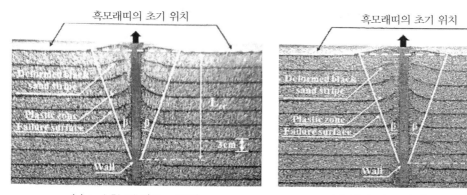

(a) 느슨한 지반(D_r=40%)　　　　(b) 중간 밀도 지반(D_r=60%)

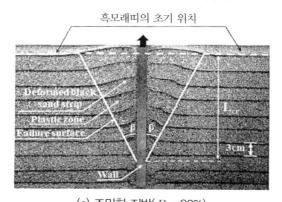

(c) 조밀한 지반(D_r=80%)

그림 4.5 인발실험 시의 지반변형

4.5.2 파괴면 형상

패널 주변 지중의 최종 파괴면은 전단저항과 표면마찰저항에 의거하여 정해지며 모형실험으로 관찰될 수 있다. 일찍이 마이크로파일의 인발저항력은 말뚝표면에 연한 표면마찰저항에 의해서만 발휘된다고 하였다.[7,17] 그러나 최근연구에서는 말뚝의 인발저항력은 말뚝의 하부에서는 말뚝주면에 말뚝표면마찰저항이 발휘되며 말뚝의 상부에서는 지중에 파괴면이 발달한다. 이 파괴면에서 발휘되는 지반의 전단저항에 의거하여 발휘된다고 한다.[3,22] 여기서 지중파괴면(파괴면과 패널 사이 각)은 그림 4.5(a)에서 그림 4.5(c) 사이에서 보는 바와 같이 상대밀도가 증가할수록 증가하였다. 이 파괴면의 각 β는 모형실험에서 직접 측정이 가능하다.

그림 4.6은 측정된 지중파괴면의 각도β와 모래의 내부마찰각 ϕ 사이의 관계를 도시한 그림이다. 파괴면의 각β는 패널의 양쪽에서 측정이 가능하다. 그림 4.6에서 볼 수 있는 바와 같이

파괴면의 각 β는 상대밀도가 증가할수록 증가함을 보여주고 있다. 이 측정값 β는 $\beta = \phi/1.5$ 선과 $\beta = \phi/2.5$ 선의 두 직선 사이에 존재하였다. 즉, 그림 4.6에서 보는 바와 같이 마이크로파일 주변의 지중파괴면의 각도 β는 지반의 내부마찰각과 평균적으로 $\beta = \phi/2$의 관계를 가질 수 있다.

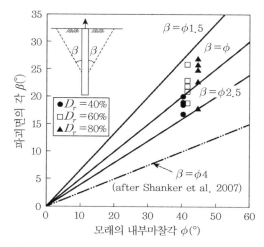

그림 4.6 모래의 내부마찰각 ϕ와 파괴면 각 β의 관계

한편 Shanker et al.(2007)은 지중파괴면인 연직축과 $\phi/4$의 관계가 있음을 이론해석에서 시행착오법으로 밝힌 적이 있다.[22] 그러나 Shanker et al.(2007)은 그림 4.6의 모형실험 결과에서 보는 바와 같이 파괴면의 각 β을 과소산정하고 있음을 알 수 있다.[22] 즉, 모형실험 결과 지중파괴면의 각 β는 모래의 내부마찰각 ϕ의 1/2에 해당함을 보여주고 있다.

여기서 마이크로파일 주변 지중파괴면은 지반의 소성변형 경계면으로 정의할 수 있다. 한계 근입깊이까지 패널 주변의 파괴면은 연직면과 $\beta/2$각도로 지표면까지 콘 모양으로 발생하였다.

4.5.3 파괴면상 토압

지중토압을 결정하기 위해 지중파괴면을 상세히 그리면 그림 4.7(b)와 같다. 그림 4.7(b)에 실선으로 나타낸 흙의 수평요소 A는 인발저항력 작용으로 인하여 발생한 변형파괴적으로 나타내면 그림 4.7(b)에 점선으로 도시될 수 있다. 여기서 마이크로파일 주변의 지중소성변형 영역 내 세 단면을 고려해본다. 마이크로파일과 지반이 접촉하는 마이크로파일 표면을 단면 I로, 마이크로파일 표면과 파괴면 사이의 중간 정도 위치를 단면 II로, 파괴면이 위치한 단면을 단면 III로 정한다.

우선 흙요소 A의 변형괴적은 그림 4.5에서 보는 바와 같이 흑모래띠의 변형을 관찰함으로써 파악할 수 있다. 이 흑모래띠는 초기에는 흰색 수평선에 평행하게 수평인 요소였다. 이 수평요소 A는 그림 4.7에 실선의 수평선으로 도시한 바와 같다. 그림 4.5에 흙요소 A의 변형된 흑모래띠는 그림 4.7(b)에 점선으로 도시된 바와 같다. 즉, 그림 4.7(b)에 점선으로 도시된 바와 같이 수평인 흙요소는 아치 형태로 변형한다. 여기서 미소변형의 전재하에서는 앞에서 설명한 변형된 요소 내에 작용하는 세 단면의 수평응력 σ_{hw}, σ_{hII}, σ_N을 σ_h와 동일하다고 가정할 수 있다.

먼저 단면 I에서 고찰해본다. 그림 4.7(b)의 단면 I에서 마이크로파일과 지반 사이의 경계면 단면 I에 극한인발력이 작용하면 흙요소 A에는 전단응력 τ_w와 수직응력 σ_{hw}가 발생한다. 해석을 간략하게 하기 위해 파괴면에 점착력만 작용하는 경우를 생각하면, 주동상태에서의 수직응력 σ_{hw}과 전단응력 τ_w는 $\tau_w = \sigma_{hw}\tan\delta$의 관계에 있게 된다. 여기서 $\sigma_{hw} = k_a\sigma_v$이 된다. 단, σ_v는 연직응력이고 k_a는 주동토압계수다. 변형된 흙요소는 주동상태도 수동상태도 아니다. 이는 두 응력상태 중 임의의 상태에 있을 것이다. 그러나 인발력이 마이크로파일에 작용하는 중에는 주변지반이 팽창하므로 주동상태로 가정할 수 있다.

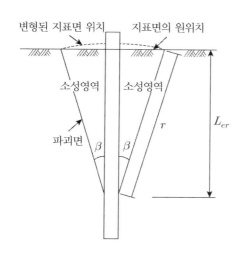

(a) 마이크로파일 주변 지중파괴면

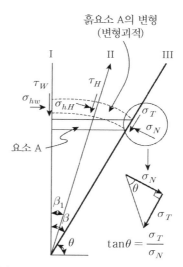

(b) 소성영역에서의 흙요소 A의 변형괴적

그림 4.7 지중파괴면의 기하학적 형상

다음으로 단면 II에서는 전단응력이 작용하게 된다. 결국 마이크로파일과 지반 사이의 단면 I의 마이크로파일과 지반 사이의 마이크로파일 표면에 작용하는 마찰각은 지반의 내부마찰각 ($\delta = \phi$)과 동일하게 되고 전단력 τ_θ는 $\sigma_{hw}\tan\phi$로 주어진다. 그림 4.7(b)에서 최종파괴면으로 정의한 단면은 단면 III였다. 이 단면상에서 흙요소 A는 전단응력 σ_T와 수직응력 σ_N을 받는다. 여기서 전단응력 σ_T와 수직응력 σ_N은 $\tan\theta = \sigma_T/\sigma_N$으로 쓸 수 있다. 미소변형 조건하에서 전단응력 σ_T는 단면 II에 발생하였던 전단응력 τ_{II}과 같다고 가정할 수 있다. 따라서 $\sigma_T = \sigma_{hw}\tan\phi$가 된다.

단면 III에 작용하는 수직응력 σ_N은 식 (4.1)과 같이 구해진다.

$$\sigma_N = \sigma_h = \frac{\tau_{II}}{\tan\theta} - k_a \frac{\tan\phi}{\tan\theta}\sigma_v \tag{4.1}$$

식 (4.1)에서 연직응력 σ_v, 수평응력 σ_h의 비로 토압계수 k를 식 (4.2)와 같이 구할 수 있다.

$$k = \frac{\sigma_h}{\sigma_v} = k_a \frac{\tan\phi}{\tan\theta} = \frac{(1-\sin\phi)\tan\phi}{(1+\sin\phi)\tan\theta} \tag{4.2}$$

여기서, $\theta = \frac{\pi}{2} - \beta$이며 β는 파괴면과 연직면 사이의 각도다. 여기서, $\beta = \phi/2$다.

4.6 인발저항력 산정 이론해석

4.6.1 짧은 마이크로파일과 긴 마이크로파일

마이크로파일이 깊게 관입되어 있는 경우 마이크로파일 주변의 지중파괴선은 마이크로파일의 선단에서 발달하지 않고 마이크로파일의 어느 한정된 깊이에서 발달한다. 이 한정된 깊이는 마이크로파일 주변에 콘 모양의 파괴면이 최대로 발생하는 한계깊이(critical embedded depth)로 정의할 수 있다.

따라서 마이크로파일은 그림 4.8(a) 및 (b)에서 보는 바와 같이 근입깊이에 따라 짧은 마이크로파일과 긴 마이크로파일의 두 그룹으로 구분된다.

만약 마이크로파일의 길이 L이 한계깊이 L_{cr}보다 작으면 그림 4.8(a)에서 보는 바와 같이 짧은 마이크로파일로 설계한다. 여기서 한계근입비는 $\lambda_{cr} = (L_{cr}/d)$로 결정된다.

한편 마이크로파일의 근입길이가 한계깊이보다 깊게 설치되어 있으면 그림 4.8(b)에서 보는 바와 같이 긴 마이크로파일로 설계해야 한다. 이 한계근입비는 실험적으로 구할 수 있다.

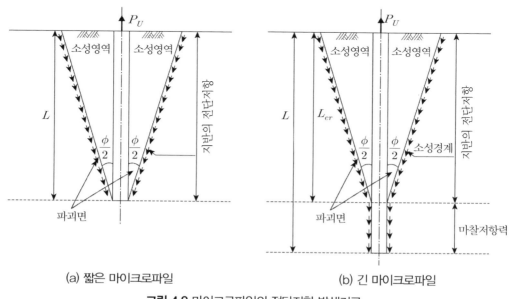

(a) 짧은 마이크로파일   (b) 긴 마이크로파일

그림 4.8 마이크로파일의 전단저항 발생기구

Das(1983)[7]는 한계근입비를 상대밀도의 함수로 산정하도록 제안하였다. 즉, Das(1983)[7]는 이 한계깊이를 식 (4.14)와 (4.15)로 산정되는 한계근입비에 의거 산정할 수 있다고 하였다.

이와 같이 짧은 마이크로파일의 인발저항력은 그림 4.8(a)에서 보는 바와 같이 지반에 근입된 부분의 마이크로파일의 표면적을 따라 발달하는 전단저항에 의해서만 발휘된다.

한편 긴 마이크로파일의 인발저항력은 그림 4.8(b)에서 보는 바와 같이 한계근입깊이 하부에서는 마이크로파일의 표면마찰저항에 의해 저항하고 한계근입깊이 상부에서는 지중에 발달하는 지중파괴면상의 전단저항에 의해 저항하게 된다. 다만 마이크로파일과 주변지반 사이의 경계면에서 발휘되는 마찰각은 표면마찰저항력을 산정하는 데 주요소가 된다.

4.6.2 지중파괴면상의 전단저항

그림 4.9(a)는 마이크로파일 주변에 발달하는 콘 모양의 파괴면상의 임의의 수평 흙요소 A에 작용하는 응력과 힘을 도시한 그림이다. 여기서 Δz는 마이크로파일의 선단에서 z 거리에 위치한 흙요소 A의 두께고, P와 $P + \Delta P$는 마이크로파일의 인발력이며, q와 $q + \Delta q$는 흙요소 A에 작용하는 연직력이다. 또한 ΔW는 흙요소 A의 중량이다. 그리고 ΔT는 파괴면에 발달하는 전단력이다. 그림 4.9(a)에서 보는 바와 같이 대칭상태에서 지중에 근입된 마이크로파일의 인발저항력을 산정하기 위한 이론해석은 다음과 같다. 미소변형의 가정하에서 흙요소 A의 파괴면에 발달하는 전단저항 ΔT는 식 (4.3)과 같다.

$$\Delta T = (c + \sigma_N \tan\phi)\Delta L \tag{4.3}$$

여기서, c와 ϕ는 지반의 점착력과 내부마찰각이다. 또한 ΔL은 파괴면 중 흙요소 A에 속한 파괴면의 길이고, ΔN과 $\sigma_N (= \Delta N / \Delta L)$은 각각 파괴면에 작용하는 수직력과 수직응력이다.

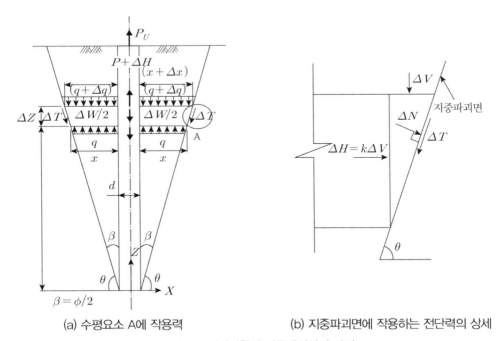

(a) 수평요소 A에 작용력 　　　(b) 지중파괴면에 작용하는 전단력의 상세

그림 4.9 인발저항력 이론해석상의 가정

ΔN은 그림 4.9(a)에서 보는 바와 같이 연직력 ΔV와 수평력 $\Delta H = k \Delta V$의 파괴면에 수직 방향 분력의 합으로 식 (4.4)와 같이 구할 수 있다.

$$\sigma_N = \frac{\Delta N}{\Delta L} = \frac{\Delta V}{\Delta L}(\cos\theta + k\sin\theta) - \frac{\gamma}{\Delta L}(L - z)(\cos\theta + k\sin\theta) \tag{4.4}$$

여기서, k는 식 (4.2)로 산정할 수 있다.

식 (4.5)는 (4.3)에 식 (4.4)를 대입하여 구할 수 있다.

$$\Delta T = [c + \gamma k_m (L - z)]\frac{\Delta z}{\sin\theta} \tag{4.5}$$

여기서, $k_m = (\cos\theta + k\sin\theta)\tan\phi$고 γ는 지반의 단위체적중량, L은 마이크로파일의 근입 깊이다.

흙요소 A에 작용하는 힘의 평형조건으로부터 식 (4.6)이 구해진다.

$$(P + \Delta P) - P + q\pi x^2 - (q + \Delta q)\pi(x + \Delta x)^2 - \Delta W - 2\pi\left(x + \frac{\Delta x}{2}\right)\Delta T\sin\theta = 0 \tag{4.6}$$

2차 미계수를 생략하면 식 (4.6)은 (4.7)이 된다.

$$\partial P - 2\pi q\partial x - \pi x^2 \partial q - \partial W - 2\pi\left(x + \frac{\Delta x}{2}\right)\Delta T\sin\theta = 0 \tag{4.7}$$

식 (4.7)의 ΔT에 식 (4.5)를 대입하고 미분방정식 형태로 정리하면 식 (4.8)이 구해진다.

$$\frac{\partial P}{\partial z} = 2x\pi q\frac{\partial x}{\partial z} + \pi x^2 \frac{\partial q}{\partial z} + \frac{\partial w}{\partial z} + 2\pi\gamma x K_m(L - z) + 2\pi x c \tag{4.8}$$

기하학적 조건으로부터 식은 다음과 같다.

상재토압: $q = \gamma(L-z)$ 및 $\dfrac{\partial q}{\partial z} = -\gamma$ (4.9)

흙요소 A의 중량: $w = (x - \dfrac{d}{2})^2 \pi \gamma z$ 및 $\dfrac{\partial w}{\partial z} = \left(x - \dfrac{d}{2}\right)^2 \pi \gamma$ (4.10)

흙요소 A의 폭: $x = z\cot\theta + \dfrac{d}{2}$ 및 $\dfrac{\partial x}{\partial z} = \cot\theta$ (4.11)

식 (4.9)에서 (4.11)까지의 기하학적 관계를 식 (4.8)에 대입히면 식 (4.12)가 구해진다.

$$\frac{\partial P}{\partial z} = 2x\pi\gamma(L-z)\left(z\cot\theta + \frac{d}{2}\right)\cot\theta - \pi\gamma\left(\pi\cot\theta + \frac{d}{2}\right)^2$$
$$+ \pi\gamma\left(x - \frac{d}{2}\right)^2 + 2\pi\gamma K_m(L-z) + 2\pi c\left(z\cot\theta + \frac{d}{2}\right) \quad (4.12)$$

식 (4.12)를 마이크로파일의 길이에 걸쳐 적분하면, 지중파괴면에서의 전단저항에 의한 인발저항력 P_{SR}은 식 (4.13)과 같이 된다. 식 (4.13)에는 마이크로파일의 자중이 포함되어 있지 않다.

$$P_{SR} = 2\pi\gamma(K_m + \cot\theta)\left(\frac{L^2}{6}\cot\theta + \frac{dL^2}{4}\right) - \gamma\pi\left(\frac{dL^2}{2}\cot\theta + \frac{d^2L}{4}\right)$$
$$+ \pi c(L^2\cot\theta + dL) \quad (4.13)$$

4.6.3 마이크로파일의 표면마찰저항

그림 4.5에 의하면 마이크로파일의 표면마찰저항력은 한계근입깊이 이하의 마이크로파일에서부터 발휘된다. 그리고 이 표면마찰저항력은 인발계수에 따라 정해지는 단위표면마찰에 의존한다. 이 표면마찰저항력은 여러 학자들에 의하여 조사된 바 있다.[7,17] 예를 들어, Meyerhof (1973)는 인발계수 K_m은 지반의 내부마찰각에 따라 0.5에서 4의 값을 갖는다고 하였다.[07] 그는 이 값을 모래지반 속 앵커의 인발모형실험으로 구하였다. 이 모형실험에서 앵커는 선단에 판을 부착하여 실시하였다. 이 실험에서 Meyerhof(1973)는 단위표면마찰력은 근입깊이가 증가함에 따라 증가함을 밝혔다. 그러나 Das(1983)는 이 단위표면마찰력은 어느 깊이 이하의 한계깊이에 서부터는 일정한 값을 보인다고 하였다. 즉, 단위표면마찰력이 이 한계깊이까지는 깊이에 따라

선형적으로 증가하다가 한계깊이에서는 일정한 값에 수렴함을 밝혔다. 그리고 이 한계깊이는 식 (4.14)와 (4.15)로 산정되는 한계근입비 λ_{cr}에 의거 산정할 수 있다고 하였다.

$$\lambda_{cr} = (L/d)_{cr} = 0.156 D_r| + 3.58 \qquad (D_r \leq 70\% \text{인 지반}) \qquad (4.14)$$

$$\lambda_{cr} = (L/d)_{cr} = 14.5 \qquad (D_r > 70\% \text{인 지반}) \qquad (4.15)$$

따라서 한계깊이 이하의 마이크로파일의 표면마찰저항력 P_{SK}는 식 (4.16)과 같이 산정된다.

$$P_{SK} = \pi d(L - L_{cr})(c + \gamma L_{cr} K_u \tan\delta) \qquad (4.16)$$

4.6.4 전체 인발저항력

짧은 마이크로파일의 전체 인발저항력 P_u는 식 (4.13)과 마이크로파일의 중량 W_p로부터 식 (4.17)과 같이 구할 수 있다.

$$P_u = 2\pi\gamma(K_m + \cot\theta)\left(\frac{L^3}{6}\cot\theta + \frac{dL^2}{4}\right) - \gamma\pi\left(\frac{dL^2}{2}\cot\theta + \frac{d^2L}{4}\right)$$
$$+ \pi c(L^2\cot\theta + dL) + W_p \qquad (4.17)$$

한편 긴 마이크로파일의 경우는 그림 4.7(b)에서 보는 바와 같이 전체 인발저항력은 한계깊이 상부와 하부 및 마이크로파일의 자중으로 나누어 산정해야 한다. 따라서 긴 마이크로파일의 전체 인발저항력 P_u는 식 (4.13)과 식 (4.17)로부터 식 (4.18)과 같이 구할 수 있다.

$$P_u = 2\pi\gamma(K_m + \cot\theta)\left(\frac{L_{cr}^3}{6}\cot\theta + \frac{dL_{cr}^2}{4}\right) - \gamma\pi\left(\frac{dL_{cr}^2}{2}\cot\theta + \frac{d^2L_{cr}}{4}\right)$$
$$+ \pi c(L_{cr}^2\cot\theta + dL_{cr}) + \pi D(L - L_{cr})(c + \gamma L_{cr} k_u \tan\delta) + W_p \qquad (4.18)$$

식 (4.17) 및 (4.18)은 마이크로파일의 인발저항력이 지반과 마이크로파일의 특성에 관련된 여러 변수에 의존하고 있음을 보여주고 있다. 즉, 마이크로파일의 인발저항력은 마이크로파일의 근입깊이(L), 한계근입깊이(L_{cr}), 직경(d), 표면마찰각(δ), 지반의 내부마찰각(ϕ)과 점착력(c)에 관련이 있음을 알 수 있다.

4.7 이론해석 적용

여기서 제공된 이론해석법의 신뢰성을 검토하기 위해 본 연구의 모형실험 결과와는 물론이고 기존에 제공된 실험 결과와도 검토되어야 한다.[7,10,22]

4.7.1 모형실험치와 이론치의 비교

그림 4.10은 본 연구에서 실시한 모형 마이크로파일의 실험치와 이론 예측치를 비교한 결과다. 모형실험은 세 가지 상대밀도(40%, 60%, 80%)의 지반에 대하여 마이크로파일의 근입비 λ_{cr}를 4에서 25 범위에서 실시하였다. 그림 4.10의 수평축은 인발저항력의 실험치고 연직축은 식 (4.17)로 산정된 인발저항력의 예측치를 나타내고 있다.

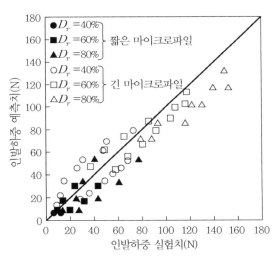

그림 4.10 마이크로파일 인발저항력의 이론예측치와 모형실험치의 비교

그림 4.10에서는 Das(1983)가 제시한 식 (4.14) 및 (4.15)로 짧은 마이크로파일과 긴 마이크로파일을 구분·판정하였다. 예측치를 산정할 때 적용한 변수는 표 4.1과 같다. 이 그림의 대각선

은 이론예측치와 실험치가 잘 일치하는 경우를 의미한다.

100N 이하의 낮은 인발저항력의 경우 모든 실험 결과가 대각선에 모여 있다. 이는 짧은 마이크로파일뿐만 아니라 긴 마이크로파일에 대하여 측정한 인발저항력의 평균치는 예측치와 잘 일치함을 보이고 있다. 따라서 제안된 해석법은 낮은 인발저항력 범위에서 마이크로파일의 인발저항력을 잘 예측할 수 있다고 할 수 있다.

그러나 100N 이상의 높은 인발저항력의 경우는 이론해석이 짧은 마이크로파일의 인발저항력을 과소 산정하고 있다. 느슨한 지반에 근입된 마이크로파일의 인발저항력은 100N보다 작다. 반면에 중간 밀도 혹은 조밀한 밀도의 지반에서의 긴 마이크로파일은 높은 인발저항력이 발휘된다. 따라서 중간 밀도나 조밀한 모래지반에서는 본 이론해석법이 측정치를 과소 산정하고 있다. 중간 밀도 지반에서는 본 해석법이 인발저항력을 실험치보다 10% 정도 과소 산정할 우려가 있으며 조밀한 지반에서는 15% 정도 과소 산정할 우려가 있다.

표 4.1 이론 예측치 산정 시 적용한 변수

상대밀도 D_r(%)	40	60	80
단위체적중량 γ(g/cm^3)	14.79	15.04	15.29
내부마찰각 ϕ(°)	37.80	41.70	43.60
점착력 c(kN/m^2)	0.00	0.00	0.00
직경 d(cm)	15		
근입비(L/d)	4~25		

4.7.2 이전 실험치에의 이론해석 적용

그림 4.11은 Dash & Pise(2003),[10] Shanker et al.(2007),[22] Das(1983)[7]가 실시한 실험치에 본 이론해석법을 적용하여 비교한 그림이다. 이들 실험에서 상대밀도는 여러 가지 경우에 대하여 실시하였다.

그림 4.11과 같이 100N 이하의 낮은 인발저항력에서는 Dash & Pise(2003), Shanker et al. (2007), Das(1983)가 실시한 실험치가 적은 오차로 대각선에 도시되었다. 따라서 낮은 인발저항력 범위에서는 이론 예측치와 실험치가 잘 일치하고 있음을 알 수 있다.

그러나 100N과 400N 사이의 인발저항력에서는 Das(1983)와 Dash & Pise(2003)의 실험치가 대각선 상부에 주로 도시되고 있다. 이는 예측치가 인발저항력을 다소 과다 산정하고 있음을 의미한다. 반대로 Shanker et al.(2007)의 시험치는 대각선 밑에 도시되고 있다. 이는 이론 해석법이 실험치를 과소 산정되고 있음을 의미한다.

400N 이상의 높은 인발저항력에서는 Das(1983)의 실험 결과만 존재한다. 이 경우 모든 자료가 대각선과 15%의 오차를 보이고 있다. 따라서 이 경우는 이론예측치가 인발저항력을 과다 산정하고 있음을 의미한다.

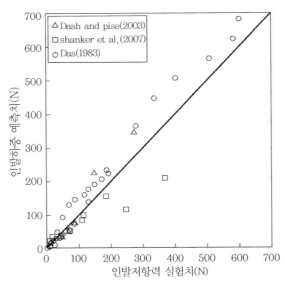

그림 4.11 Dash & Pise(2003), Shanker et al.(2007), Das(1983)가 실시한 실험치와 이론예측치의 비교

그림 4.10과 그림 4.11로부터 본 이론해석법은 지중에 근입된 마이크로파일의 인발저항력을 실용적으로 잘 예측하고 있다고 말할 수 있다.

오차는 두 가지 이유로 해석할 수 있다. 첫째는 해석법이 2차원(축대칭 상태)하에서 실시되었다는 점을 들 수 있다. 지반변형실험은 2차원 상태에서 파괴면이 나타났다. 그러나 실제는 마이크로파일 주변에서 파괴면이 3차원으로 발생한다.

두 번째 이유는 지반의 상대밀도의 측정이 올바르지 못한 점을 들 수 있다. 상대밀도는 실험 전에 미리 측정하는 점이 현장에 근접하지 못한 점이다. 실제는 토층의 두께가 실험 중에도 변한다는 점이다. 이 토층의 두께는 모형지반의 밀도를 변하게 한다. 토층의 두께가 두꺼울수록 모형지반의 상대밀도가 증가한다. 결론적으로 짧은 마이크로파일에서는 낮은 인발저항력이 나타난다.

4.8 결론

페널을 들어 올리는 지반변형실험으로 패널 주변지반의 파괴면의 형상을 파악할 수 있었다. 이 파괴면은 지반의 소성변형의 경계로 정의할 수 있다. 이 파괴면은 페널의 한계깊이부터 발달하며 연직축과 일정한 각도(지반의 내부마찰각의 반의 각도)로 직선으로 발달하여 지표면까지 도달한다. 패널 인발 시 패널 주변지반의 파괴면 형상은 마이크로파일의 인발 현상에 적용할 수 있다. 그러나 마이크로파일 주변지반 속 파괴면은 콘 모양으로 발생한다.

마이크로파일의 인발저항력을 산정할 수 있는 이론해석을 이 파괴면 형상에 근거하여 실시하였다. 인발저항력 산정 이론해석은 마이크로파일과 지반에 관한 여러 특성(근입깊이, 직경, 마이크로파일 표면의 마찰각, 지반의 전단강도)을 고려하고 있다.

마이크로파일은 근입깊이에 따라 두 그룹으로 나눌 수 있다. 한계깊이보다 짧게 근입되어 있으면 짧은 마이크로파일로, 한계깊이보다 길게 근입되어 있으면 긴 마이크로파일로 구분할 수 있다.

짧은 마이크로파일 주변지반에는 콘 모양의 지중파괴면에 지반의 전단저항이 발달한다. 반대로 긴 마이크로파일에는 한계깊이를 기준으로 한계깊이 상부에서는 지중파괴면에 발달하는 전단저항과 한계깊이 하부 마이크로파일에는 마이크로파일 표면마찰력이 발생한다. 따라서 긴 마이크로파일에는 두 전단 성분에 의한 인발저항력이 발휘된다.

제안된 이론해석법은 일련의 모형실험을 통해 구한 모형실험치를 실용적으로 잘 예측할 수 있었다. 이 이론해석법은 이전에 발표된 모형실험의 자료와도 비교를 통해 합리적으로 잘 예측하고 있음을 알 수 있었다.

결론적으로 마이크로파일의 인발저항력을 산정할 수 있는 본 이론해석법은 각종 실험치를 실용적으로 잘 예측할 수 있었다.

• 참고문헌 •

(1) Awad, A. and Ayoub, A.(1976), "Ultimate uplift capacity of vertical and inclined pile in cohesionless soil", *Proceeding of the 5th International Conference on Soil Mechanic and Foundation Engineering*, Vol.1, Budapest, Hungary, pp.221-227.

(2) Bella, A.(1961), "The resistance to breaking out of mushroom foundations for pylons", *Proceeding of the 5th International Conference on Soil Mechanics and Foundation Engineering*, Vol.1, pp.569-676.

(3) Chattopadhyay, B.C. and Pise, P.J.(1986), "Uplift capacity of piles in sand", *Journal of Geotechnical Engineering*, Vol.112, No.9, pp.888-904.

(4) Chaudhuri, K.P.R. and Symons, M.V.(1983), "Uplift of model single piles", *Proceeding of the Conference on Geotechnical Practice in Offshore Engineering*, ASCE, Austin, TX, pp.335-355.

(5) Chim, N.(2013), Prediction of uplift capacity of a micropile embedded in soil, *MSc Thesis, Chung Ang University*, Seoul, South Korea.

(6) Choi Y.S.(2010), A study on pullout behavior of belled tension piles embedded in cohesiveless soils, *MSc Thesis, Chung Ang University*, South Korea.

(7) Das, B.M.(1983), "A procedure for estimation of uplift capacity of rough piles", *Soils and Foundations*, Vol.23, No.3, pp.122-126.

(8) Das, B.M. and Seely, G.R.(1975), "Uplift capacity of buried model piles in sand", *J. Geotech. Engrg.*, ASCE, Vol.101, No.101, pp.888-904.

(9) Das, B.M., Seely, G.R., and Pfeifle, T.W.(1977), "Pullout resistance of rough rigid piles in granular soil", *Soils and Foundations*, Vol. 7, Nos.1-4, pp.72-77.

(10) Dash, B.K. and Pise, P.J.(2003), "Effect of compressive load on uplift capacity of model pile", *J. Geotech. Geoenv. Engrg.*, ASCE, Vol.129, No.11, pp.987-17; 992.

(11) Downs, D.L. and Chieurzzi, R.(1966), "Transmission tower foundations", J. Power Div., ASCE, Vol.92, No.2, pp.91-114.

(12) Ireland. H.O.(1957), "Pulling tests on piles in sand", *Proceeding of the 4th International Conference on Soil Mechanic*, London, England, pp.43-45.

(13) Ismael. N.F. and Klym, T.W.(1979), "Uplift and bearing capacity of the short pier in sand", *J. Geotech. Engrg.*, ASCE, Vol.105, No.5, pp.579-593.

(14) Joseph. E.B.(1982), *Foundation analysis and design*, McGraw-Hill, Tokyo, Japan.

(15) Levacher. D.R. and Sieffert, J.G.(1984), "Test on model tension piles", *J. Geotech. Engrg.*, ASCE, Vol.110, No.12, pp.1735-1748.

(16) Matsuo, M.(1968), "Study of uplift resistance of footing", *Soils and Foundations*, Vol.7, No.4, pp.18-48.

(17) Meyerhof, G.G.(1973), "Uplift resistance of inclined anchors and piles", Proc. *8th International Conference on Soil Mech. and Found.*, Vol.2, pp.167-172.

(18) Meyerhof. G.G. and Adams, J.L.(1968), "The Ultimate uplift capacity of foundation", *Can. Geotech. J.*, Vol.5, No.4, pp.217-224.

(19) Misra, A. and Chen, C.(2004), "Analytical solution for micropile-design under tension and compression", *Geotechnical and Geological Engineering*, Vol.22, pp.199-225.

(20) NAVFAC DM 7.2(1984), *Design manual soil mechanics, foundations, earth structures*, U.S. Naval Publication and Forms Center, Philadelphia.

(21) Poulos, H.G. and Davis, E.H.(1980), *Pile foundation analysis and design*, 1st Ed., John Wiley and Sons, New York, N.Y.

(22) Shanker, K., Basudhar, P.K. and Patra, N.R.(2007), "Uplift capacity of single pile: Predictions and performance", *Geotech Geo Eng*. Vol.25, pp.151-161.

(23) Sowa, V.A.(1970), "Pulling capacity of concrete cast in-situ bored piles", *Can. Geotech. J.*, Vol.7, No.4, pp.482-493.

(24) Vesic, A.S.(1970), "Test on instrumented pile Ogeechee river side", *I S. Mech. Fdin. Div.*, ASCE, Vol.96, No.2, pp.561-584.

(25) Wayne, A.C., Mohamed, A.O., Elfatih, M.A.(1983), "Construction and on expansive soils in Sudan", *Journal of Construction Engineering and Management*, ASCE, Vol.110, No.3, pp.359-374.

Chapter
05

마이크로파일의 설계 및 시공기술에 관한 연구

마이크로파일의 설계 및 시공기술에 관한 연구

5.1 서론

5.1.1 과업 목적

본 과업의 목적은 서울특별시 영등포역 선상 역사 기초공으로 시공 예정인 마이크로파일의 설계 및 시공기술에 관한 제반 문제점을 연구·검토하는 데 있다.[1]

5.1.2 과업 범위

본 과업의 수행 범위는 다음과 같다.

(1) 마이크로파일의 설계이론 확립
(2) 마이크로파일의 지지력 산정
(3) 마이크로파일의 침하량 추정
(4) 설계 및 시공상의 기술적 건의

5.1.3 과업 수행 방법

우선 소구경 말뚝의 지지기구에 대한 이론적 배경을 정리하여 마이크로파일의 설계법을 확립시키고, (주)도화지질에서 제공한 기초설계 도면[3] 및 토질조사자료[4]에 근거하여 영등포역 현장에 시공될 마이크로파일의 허용지지력을 추정한다.

5.2 검토자료 및 지반조건

5.2.1 설계조건

영등포역 선상역사의 기둥 위치는 그림 5.1의 1층 평면도에서 보는바와 같으며, 제공된 설계구조계산서[3]에 의거하여 일부 기둥의 설계하중을 정리하여보면 표 5.1과 같다. 이들 기둥 하중은 크기에 따라 P1, P2 및 P3의 3가지로 구분되었으며, P1 기둥의 기초는 F1, P2 및 P3 기둥의 기초는 F2의 형태로 채택되었다.

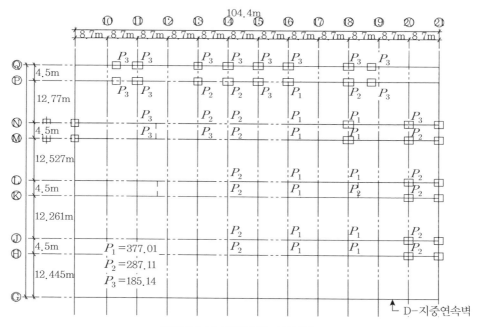

그림 5.1 1층 바닥평면도(선상부)

표 5.1 기둥 위치와 마이크로파일의 재원

표 5.1 기둥 위치와 마이크로파일의 재원

번호	기둥 위치*	기둥형태	설계기둥하중(t)	기초형태	마이크로파일 수
1	13-N	P3	152.8	F2	4
2	14-N	P2	230.4	F2	4
3	16-N	P1	325.8	F1	6
4	18-N	P1	377.0	F1	6
5	20-N	P2	287.1	F2	4
6	21-N	P3	185.1	F2	4

* 기둥 위치는 그림 5.1을 참조

    F1과 F2 기초의 설계개략도는 그림 5.2와 같다. 즉, F1 기초에는 그림 5.3에 도시된 마이크로파일이 800m 간격으로 6개(2×3)가 설치될 예정이고 F2 기초에는 800mm 간격으로 4개(2×2)가 설치될 예정이다. F1 기초에 대한 마이크로파일의 소요수량 결정 시에는 표 5.1의 P1 기둥하중중 제일 큰 377.01t을 채택한다. 이 하중을 20% 증가시켜 마이크로파일 한 개당의 예상 내력인 90t으로 나누어서 6개(377.01×1.2/90 = 5.03)로 결정되었다. 따라서 F1 기초용 마이크로파일 1개당 작용 예상 하중은 62.84t(= 377.01/6)으로 되어 있다. 한편 F2 기초용 마이크로파일에 대해서는 말뚝 한 개당 예상 최대작용하중은 71.78t으로 되어 있다.

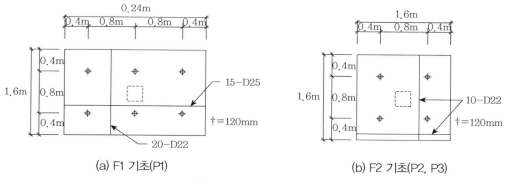

(a) F1 기초(P1)　　　　　　　　(b) F2 기초(P2, P3)

그림 5.2 F1 및 F2 기초설계 개략도

5.2.2 마이크로파일의 개요

    마이크로파일은 직경이 250m 이하의 소구경 말뚝으로서 1950년 초기에 이탈리아에서 Pali redice croot piles로 개발된 이래 주로 건물의 유지, 보수, 확장 및 증축을 위한 기초 보강공법의

한 가지 방법으로 지하보강 방법에 많이 사용되었다. 국내에서는 울진원자력발전소 터빈실 기초, 극동방송국 기초보강 등에 이미 적용된 사례가 있지만, 아직 재하시험을 통해 설계지지력 확인 및 계측 데이터가 조사된 적은 없다.

마이크로파일의 정의를 독일 DIN-표준시방서(DIN-4218)에서는 small diameter injection pile(cast-in-place concrete piles and composite)로 직역하면 현장주입 콘크리트(혹은 모르타르) 소구경 말뚝이라 할 수 있다.[9] 가장 일반적인 말뚝 직경은 120~250mm며 깊이는 수직 혹은 수평 방향으로 5~6m부터 수십 미터에 이른다.

용도와 시공 방법에 따라 이들 소구경 말뚝은 Root-pile, Tubfix micropile, Palu radice, Needle-pile 또는 Gewi-pile 등으로 다양하게 불린다. 그림 5.3은 다양한 종류의 마이크로파일의 시공순서를 도시한 그림이다.[1] 시공 방법은 직경 250m 이하의 굴착공 내에 철근, 철골이나 튜브를 설치하고 시멘트 모르타르로 중력식 그라우트 충진 후 12시간 전에 그라우팅 튜브를 통해 재차 압력 그라우팅을 하여 주변지반을 모르타르 그라우팅 압력으로 압밀시켜 일반적인 매입말뚝보다 큰 주변 마찰력(skin friction)을 얻는 데 그 목적이 있다. 말뚝 직경에 비해 공사비가 비싼 게 흠이지만 다음과 같은 조건을 만족시킬 수 있어 그 채택 범위가 넓어진다.

① 건설장비 규모가 작아 협소한 현장시공이 용이하다.
　　가. 소음이나 진동의 우려가 없다.
　　나. 직경이 작아 어떤 종류의 흙이나 암석에서도 작업이 가능하다.
　　다. 수직에서 수평에 이르기까지 어느 각도로나 시공이 가능하다.
② 시멘트-모르타르의 압력에 의해 주변과 부착력이 커 침하량이 적다(skin friction pile).
③ 부등 침하 등을 해결할 수 있는 부분 보강이 용이하다.
　　가. 소구경이라 파일 간의 간격을 좁힐 수 있어 무리말뚝의 지지력 감소와 부마찰력(negative skin friction) 문제를 최소화할 수 있다.

그림 5.3은 여러 가지 종류의 마이크로파일의 시공순서를 도시한 그림이다.[1] 즉, (a)는 Gewi 소구경 말뚝의 시공순서, (b)는 현장타설 콘크리트 마이크로파일의 시공순서, (c)는 앵커 타입 고압식 주입 소구경 말뚝의 시공순서, (d)는 Tubfix-마이크로파일의 시공순서다.

한편 그림 5.4는 본 과업에서 채택된 마이크로파일의 단면도와 평면도다. 즉, 160~200mm

직경의 천공을 하여 141.3×9.53의 강관(고압송유관 API 5LX-X42, 인장강도 = 42.2kg/mm², 항복강도 = 29.5kg/mm²)을 넣고 강관 내에 4개의 D-32 철근을 넣고 주입 그라우팅으로 마이크로파일을 설치한다.

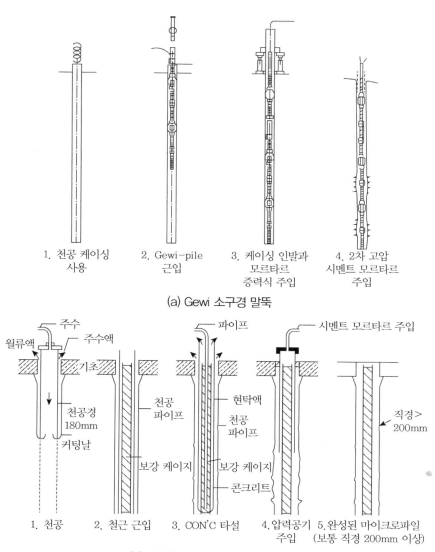

1. 천공 케이싱 2. Gewi-pile 3. 케이싱 인발과 4. 2차 고압
   사용   근입   모르타르   시멘트 모르타르
                              중력식 주입   주입

(a) Gewi 소구경 말뚝

1. 천공 2. 철근 근입 3. CON'C 타설 4. 압력공기 5. 완성된 마이크로파일
                                        주입   (보통 직경 200mm 이상)

(b) 현장타설 콘크리트 마이크로파일

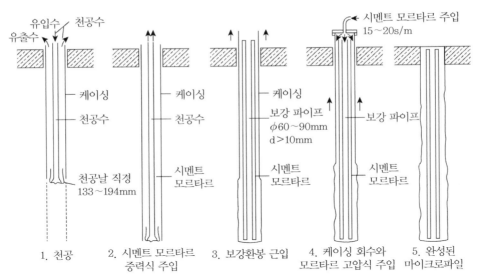

(c) 앵커식 고압식 주입 소구경 말뚝

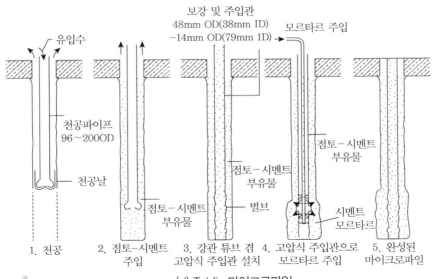

(d) Tubfix 마이크로파일

그림 5.3 다양한 마이크로파일의 시공순서[1]

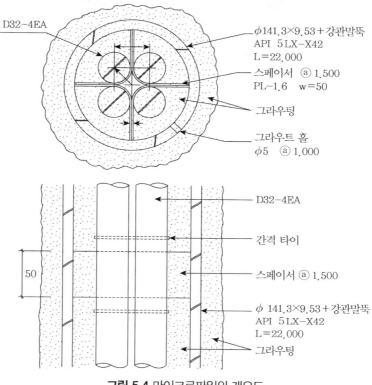

D32-4EA

ϕ141.3×9.53＋강관말뚝
API 5LX-X42
L＝22,000

스페이서 ⓐ1,500
PL-1.6 w＝50

그라우팅

그라우트 홀
ϕ5 ⓐ1,000

D32-4EA

간격 타이

스페이서 ⓐ1,500

ϕ141.3×9.53＋강관말뚝
API 5LX-X42
L＝22,000

그라우팅

50

그림 5.4 마이크로파일의 개요도

5.2.3 지반조사 개요

1986년 12월 영진지하개발 주식회사[4]에서 실시한 영등포역 부근지반 그림 5.5의 지반조사 시추 위치는 그림 5.6에 표시된 바와 같다. 이 중 그림 5.7 및 5.8에 표시된 바와 같은 종단 및 횡단 지층도 중 선상 역사 위치에 해당하는 B-3, B-4, B-5, B-6, B-12 및 B-13의 시추 결과에 의거하여 이 지역의 지층 구성을 분석해보면 다음과 같다.

이 지역의 지층은 지표면으로부터 매립층, 점토층, 모래 혹은 사력층, 풍화암층, 연암층 및 경암층으로 구성되어 있다.

표층부인 매립층은 0.40～3.30m 두께를 이루고 있으며, 자갈과 잡석이 섞인 실트질 모래로 갈색 내지 암갈색을 띠고 있다. N치는 8～12다.

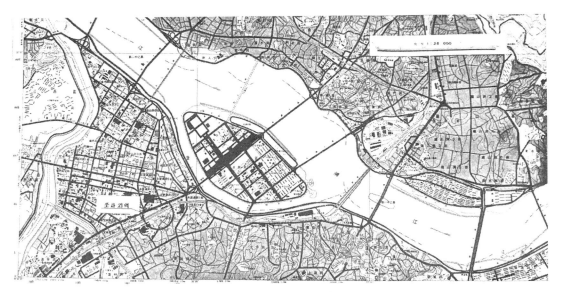

그림 5.5 지반조사 위치[4]

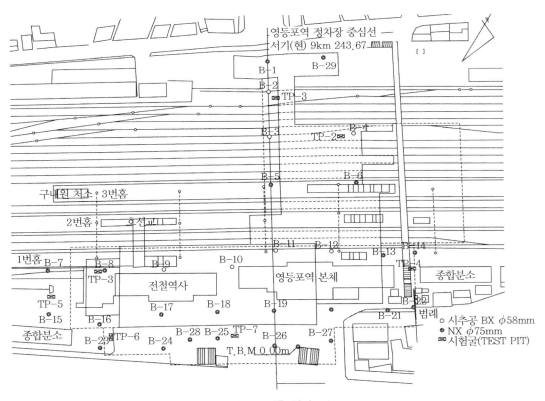

그림 5.6 시추 위치도[4]

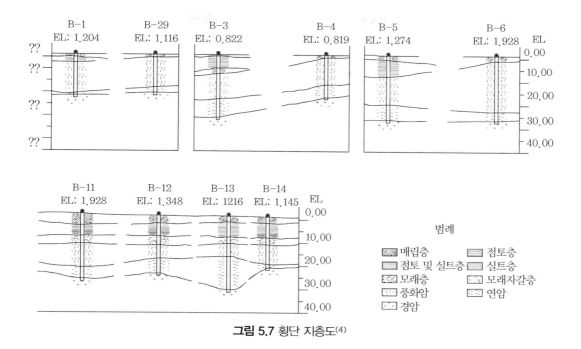

그림 5.7 횡단 지층도[4]

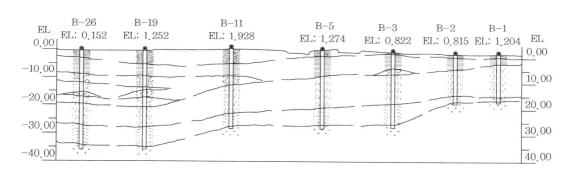

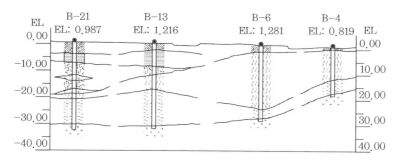

그림 5.8 종단 지층도[4]

점토층은 4.0～7.0m 두께로 분포되어 있으며, 갈색 내지 황갈색을 띠고 있다. 그러나 B-4 및 B-6 위치에는 점토층이 존재하지 않고 있다. N치는 13～20으로 견고한 stiff clay로 판단된다. 이 층은 주로 점토로 구성되어 있으며 약간의 실트나 모래가 섞여 있고 하부로 갈수록 실트나 모래의 함량이 점진적으로 많아져서 사질점토, 실트, 실트질 모래로 구성되고 있다. 점토층 아래는 갈색 내지 황갈색의 모래 혹은 사력층이 2.1～4.1m 두께로 분포되어 있으며, 주로 세립의 석영입자로 구성되었다. 그러나 이 층은 B-3, B-12 및 B-13 위치에서만 분포되어 있다. 이 층은 N치도 21～32로 높고 밀도도 중간 내지 치밀한 정도로 조사되었다.

갈색 풍화암층은 5.2～22.2m의 두께에 분포하며 기반암의 상부 풍화대로서 밀도는 아주 치밀하고 상부로 갈수록 풍화도가 크다. N치는 상부에서 8～40 정도지만 대개 50/15～50/2의 견고함을 보이고 있다. 그러나 타격이나 굴진에 의하여 쉽게 실트질 모래로 분해되는 특성을 보이고 있다. 또한 이 풍화암층은 B-4 위치로 갈수록 지표면에서 가까운 곳에 존재하며 B-3, B-12 및 B-13의 위치와 같이 B-4 위치에서 멀어질수록 깊게 존재하고 있다.

풍화암층 아래의 갈색 연암층은 4.0～14.5m 두께로 분포되어 있으며, 기반암의 하부 풍화대로서 표준관입시험이 불가능할 정도로 견고한 지반이다. 균열 및 절리의 발달 상태가 심하여 코어 회수는 저조해져 토막 성질의 코어로 시료가 채취되었다. 또한 이 연암층은 금속날로 굴진이 가능하게 판정되었다.

연암층 아래의 신선한 기반암은 지표면 아래 18.0～31.5m 깊이에 존재하며 선캄브리아기 흑운모 고상 편마암(biotite banded gneiss)의 경암으로 구성되어 있다. 이 기반암의 구성광물은 석영, 장석, 흑운모 등이다.

5.3 말뚝시공 및 재하시험

5.3.1 말뚝 시공상 문제점

본 프로젝트 시공도면 및 시방서를 기준으로 하여 시공상 예상되는 문제점들을 제시하고자 한다.[2]

일반적인 마이크로파일의 적용 범위와 시공 방법을 소개한 제5.2.2절의 마이크로파일의 개요를 참조하면 본 프로젝트와 상이한 점을 발견할 수 있다.

첫째는 적용 방법에서 대부분의 마이크로파일 채택 이유가 기존 구조물의 보강이나 지반의 보강공법으로 사용된 데 비하여, 본 프로젝트는 주변 진동이 야기하는 레일 주변에 주 지지말뚝으로 설계된 점이 주목된다. 즉, 장기적인 말뚝의 부식방지용 피복 형성이 보장되어야 하고 주변 진동으로 피복의 크랙에 미치는 영향이 고려되었으면 한다.

둘째는 시공 방법에서 본 프로젝트의 공법은 케이싱이 영구적으로 매립되어 2차 시멘트 – 모르타르 고압식 주입 시 케이싱 외부와 흙 굴착면과의 그라우팅이 문제될 가능성이 있다. 이러한 문제점이 해결되지 않으면 다음과 같은 현상을 야기한다.

(1) 말뚝/흙 설계 마찰력에 미달되는 위험이 있다.
(2) 말뚝/흙 캡이 생기므로 수평변위가 크다.
(3) 튜브에 녹이 슬 수 있어 장기적으로 단면이 축소되는 위험이 있다.
(4) 흙의 종류에 따라 마찰력이 없는 부분과 피복(cover)이 형성되지 않는다.

강관 주위의 피복은 30mm 정도가 되는 것이 바람직하다. 따라서 ϕ141.3mm의 강관 사용 시 천공 홀의 직경은 200mm 정도가 바람직하다. 또한 강관 주위에 그라우팅이 확실히 될 수 있도록 위하여 충분한 압력에 의한 그라우팅 주입액을 사용해야 한다.

5.3.2 말뚝재하시험

(1) 시험 목적

말뚝의 지지력은 말뚝의 재료강도나 기초지반의 강도에 의해서만 정해지는 것이 아니고, 말뚝과 기초지반의 상호작용에 의하여 정해지는 것이므로, 과거의 경험에 근거하여 관련된 지지력 추정 방법만으로는 해결될 수 없는 문제가 많다. 따라서 현장에서 재하시험에 의한 지지력의 확인은 가장 확실한 방법이다. 특히 계획되고 있는 마이크로파일과 같이 시공공정이 복잡하고 그 시공 사례가 흔치 않은 경우에는 재하시험은 더욱 중요하다.

(2) 시험의 종류

기초말뚝의 재하시험은 그 목적에 따라 구분하면 표 5.2와 같다.

표 5.2 재하시험의 종류(2)

시험 목적	시험 종류
말뚝의 시공관리를 위한 시험	재질, 말뚝의 이음, 그라우팅
말뚝의 설계 데이터 수집 및 설계 지지력의 확인을 위한 시험	연직재하시험, 수평재하시험, 진동시험

이와 같이 여러 가지 시험을 고려할 수 있으나 말뚝의 시공관리를 위한 제반 시험들이나 말뚝의 진동시험은 본 과업의 범위 외의 일이므로, 본 연구에서는 연직재하시험 및 수평재하시험에 대해서만 개괄적으로 시험계획 및 방법을 고찰하기로 한다.

5.3.3 연직재하시험

연직재하시험은 실제로 사용할 말뚝에 대해서 실제 사용하는 상태에 가까운 상태에서의 하중 – 변위(침하량) 관계 등 말뚝의 지지력 판정을 위한 자료를 얻기 위하여 실시되는 것이다. 계획에서 유의하여야 할 사항은 다음과 같다.(5-8.10)

(1) 시험말뚝의 선정

지반조사 자료 및 시공 기록 등을 면밀히 검토하여 전체 말뚝의 지지력 판정에 잘못이 없도록 대표적인 말뚝이 선정되어야 할 것이나, 우선 기존 지반조사 자료를 검토해볼 때 보링공 B-3, B-5, B-12 등 3개소에 가장 인접한 말뚝을 선정하는 것이 좋을 것으로 생각된다.

(2) 시험 말뚝의 시공으로부터 재하시험까지 방치기간

말뚝 시공 직후에는 그 지지력이 충분히 발휘되지 않기 때문에 재하시험을 할 때까지는 적당한 시간이 경과되지 않으면 올바른 지지력을 구하기 어렵다. 방치기간은 타입말뚝일 때는 대체로 점성토 지반인 경우 말뚝 시공 후 14일, 사질토 지반인 경우 5일 이상을 기준으로 정하는 것이 보통이다. 그러나 계획되고 있는 마이크로파일의 경우에는 그라우팅 주입제가 충분히 양생되어야 말뚝의 소요 지지력을 기대할 수 있으므로, 2차 그라우팅 완료 후 28일을 기준 방치기간으로 하는 것이 좋을 것이다.

(3) 계획 최대시험하중

말뚝의 근입장이 충분할 때에는 최대시험하중을 다음 중 어느 한 값을 취하는 것이 보통이다.

① 말뚝의 극한 지지력
② 장기 설계하중의 2.0배
③ 단기 설계하중 이상

본 마이크로파일의 경우에는 말뚝 본당 설계 축하중은 전술한 바와 같이 50~70t 범위고, 단기 설계하중을 공사 시방서에 제시된 120t/본으로 볼 때 최대시험하중은 150t/본 내외로 계획하는 것이 좋을 것으로 생각된다.

이 값은 이제까지 검토 결과로부터 추정되는 다음과 같은 여러 가지 경우에서의 말뚝의 허용지지력을 포괄하는 값이기도 하다.

① 말뚝 단면의 지지력: 90t
② 강관의 그라우팅 피복이 불충분할 때: 50t
③ 그라우팅에 의한 2cm 피복이 확보되었을 때: 70t
④ 그라우팅 윤활이 만족스럽게 시공되었을 때: 120t

(4) 재하 방법

시험말뚝에 하중을 제하하는 방법은 다음의 두 가지 방법을 생각할 수 있다.

① 일정 시간 간격으로 하중을 증감하는 방법
② 말뚝의 침하량이 사실상 종료되면 하중을 증감하는 방법

이 방법 중 ②는 그 시험기간이 대단히 장시간 소요될 뿐 아니라 계측에서도 많은 문제가 있으므로, 일반적으로 ①을 택하는 것이 유리하다.

시험 방법은 하중의 재하-제하 단계(loading-unloading)를 제1사이클 또는 여러 번의 사이클로 시행하여도 무방하나, 측정 정도의 확인, 시험 결과의 해석, 안정성 확보의 면을 고려하여

제4~8사이클로 실시하는 것이 바람직하다.

앞에서 기술한 내용을 종합하여 재하 방법에 대한 기준을 '안'으로 제시해보면 다음과 같다.

① 재하하중 단계: 8단계
② 하중재하속도:
    가. 재하 시: 10t/min
    나. 제하 시: 20t/min
③ 각 하중 단계에서의 하중 정치 시간
    가. 처녀하중: 15분 이상의 일정 시간
    나. 이력 내의 하중: 5분 이상의 일정 시간

5.3.4 수평재하시험

(1) 계획 최대하중의 결정

시험조건이 실제조건과 같을 때는 계획 최대하중은 설계 수평하중 이상의 크기로 하면 된다. 그러나 수평재하시험에서는 말뚝에 발생하는 응력, 구조물의 설계상 허용변위량 등을 감안하여 최대수평시험하중을 정할 필요가 있다.

말뚝두부에서의 최대허용변위량은 상시하중에 대해서는 10~15mm, 지진 시에 대해서는 15~25mm 정도로 정해지는 경우가 보통이다. 그러나 본 마이크로파일의 경우에는 말뚝이 대단히 세장한 반면, 비교적 큰 수평하중이 고려되고 있으므로 말뚝의 수평하중에 대한 허용저항력이 적은 점을 감안하여 허용수평변위량은 상기 값의 1/2 정도를 취하는 것이 적당하다.

(2) 시험 방법

수평재하시험의 시험방식은 상기 연직재하시험과 같은 방법으로 하여도 무방하나 계획되고 있는 마이크로파일 기초의 경우 구조물 설계수평하중은 토압과 같은 장기수평하중보다는 진동에 의한 단기수평하중이 주 고려 대상이 될 것으로 예상된다. 각 사이클에서의 하중 정치시간은 5분 이내의 일정 시간으로 정하는 것이 좋다.

5.4 결론 및 건의 사항

영등포역 선상역사 기초공으로 시공 예정인 마이크로파일에 대한 설계 및 시공 기술상의 제반 문제점을 연구 검토한 결과 및 건의 사항을 정리하면 다음과 같다.

(1) 본 마이크로파일의 재료강도에 의한 허용압축력은 100t이다.

(2) 본 마이크로파일의 허용지지력은 강관 외부의 그라우팅 피복이 충분하지 않은 경우 53~60t 이고, 그라우팅 피복이 20mm 이상인 경우 70~78t이며, 윤활 그라우팅 피복도 20 이상이 되면 124~130t 정도가 된다.

(3) 본 마이크로파일의 설계하중은 그라우팅 피복이 적은 경우 50t이 적당하고, 윤활 시공 정도 가 좋고 강관의 그라우팅 피복도 20 이상인 경우는 70t으로 하는 것이 바람직하다. 이러한 설계하중은 설계상의 말뚝 두부의 허용침하량에 따라 확인할 필요가 있다.

(4) 70t 이상의 설계 지지력을 얻기 위해서는 강관 외부 그라우팅 피복은 20mm 정도가 바람직 하며, OD141.3mm 강관 사용 시 천공 홀은 ϕ180mm 이상이 바람직하다.

(5) 설계하중의 확인을 위하여 말뚝재하시험이 반드시 실시되어야 한다.

(6) 그라우팅 윤활을 충분히 가하여 마이크로파일의 마찰력이 확실히 발휘될 수 있는 방법을 강구해야 한다.

● 참고문헌 ●

(1) 김상규·홍원표·김학문(1988), MICRO-PILE의 설계 및 시공기술에 관한 연구 보고서, 대한토목
     학회.

(2) 롯데 영등포역사 주식회사(1987), '시방서(철근 콘크리트 공사, 마이크로파일 공사)'.

(3) 종합건축사사무소협회 건축, '롯데 영등포 백화점 및 민자역사 신축공사 구조 계산서'.

(4) 영진지하개발주식회사, '롯데 영등포 백화점 및 역사 신축부지 지질조사 보고서'.

(5) Poulos, H.G. & Davis, E.H. *Pile Foundation Analysis and Design*, John Wiley & Sons, pp.323-335.

(6) Ibid, pp.17-175.

(7) Das, B.M. Principles of Foundation Engeering, *Brooks/Cole Engineering Division*, pp.375-378.

(8) Meyerhof, G.G.(1976), "Bearing Capacity and Settlement of Pile Foundation", ASCE, Vol.102,
     No.GT3, pp.197-228.

(9) DIN(1983), "Small Diameter Injection Piles(Cast-in-Place Concrete Piles and Composite Piles)",
     DIN-4128 Engl., April, pp.2-7.

(10) Bowles, J.E.(1982), *Foundation Analysis and Design*, 3rd Ed., McGraw-Hill, pp.97-102.

사질토 지반에서
시멘트밀크 주입비에 따른
매입말뚝의 수평지지력

Chapter 06 사질토 지반에서 시멘트밀크 주입비에
따른 매입말뚝의 수평지지력

6.1 서론

매입말뚝공법은 지반을 말뚝설치 공간만큼 미리 굴착한 후 기성말뚝을 삽입하여 설치하는
것으로, 본 공법의 가장 큰 장점은 진동과 소음이 타입말뚝에 비해 적다는 것이다. 그러나 지반
굴착에 따른 지반의 이완, 지반조건, 현장조건, 말뚝의 재질 등 여러 요인에 따라 지지력 및 효율
에 많은 차이가 발생하므로 매입말뚝의 지지력을 산정하는 데 상당한 어려움이 있었다.

De Beer(1988),[3] Kusakabe et al.(1994)[7]은 시공법에 따른 매입말뚝의 지지력 특성과 하중
전이효과 등에 대한 연구를 진행하여 매입말뚝의 지지력 특성을 규명하였다. 국내에서도 매입말
뚝에 대한 연구가 활발히 진행되어 새로운 저공해 매입말뚝 시공법이 개발되었으며, 본 공법에
대한 지지력 특성도 연구된 바 있다(Paik, 1997).[9] 2000년 이후부터 대부분의 건축, 토목구조물
의 말뚝기초로 매입말뚝 공법이 적용되면서 시공 방법에 따른 매입말뚝의 연직지지력 특성에
대한 연구가 진행되기 시작하였다(Lee et al., 2002,[8] Chai, 2002[2]). 특히 Hong and Chai
(2007a, 2007b)[4,5]는 지반 종류별 매입말뚝의 선단지지력 및 마찰지지력 산정 방법을 제안하였
으며, 시멘트밀크 배합비가 매입말뚝의 연직지지력에 미치는 영향도 검토하였다(Hong et al.,
2008[6]). 최근에는 매입공법으로 시공된 PHC 말뚝 선단에 강관을 부착한 매입말뚝에 대한 선
단지지력 증대 효과를 검증한 연구도 진행되고 있다(Paik and Yang, 2013[10]).

이와 같이 매입말뚝의 연직지지력 특성에 대한 연구는 국내외에서 활발히 진행되어 많은 연
구성과가 발표되었으나 매입말뚝의 수평지지력에 대한 연구는 아직까지 활발히 진행되지 않고

있어 연구 결과도 미비한 실정이다.

따라서 본 연구에서는 시멘트밀크 주입비가 매입말뚝의 수평지지력에 미치는 영향을 조사하여 매입말뚝의 수평지지력 특성을 규명하고자 한다.[11] 이를 위하여 매입말뚝이 설치된 현장에서 시멘트밀크를 말뚝길이의 50, 70, 100%로 주입한 후 수평재하시험을 실시하여 매입말뚝의 수평거동을 분석하였다. 그리고 매입말뚝의 수평재하시험으로부터 얻은 하중－변위 곡선을 토대로 항복하중과 변위량과의 관계를 분석하고 시멘트밀크 주입비가 매입말뚝의 수평지지력 특성에 미치는 영향도 고찰하였다.

6.2 말뚝의 수평지지력

말뚝의 길이는 짧은 말뚝과 긴 말뚝으로 나누며, 구분 방법은 수평하중과 지반반력에 의해 발생하는 최대휨모멘트를 항복모멘트와 비교하는 방법을 사용하였다.[1] $M_{max} < M_y$인 경우에는 짧은 말뚝으로 취급하며, $M_{max} > M_y$인 경우에는 긴 말뚝으로 취급한다. 또한 말뚝의 극한 수평지지력은 말뚝 자체의 항복모멘트에 의해 결정한다. 말뚝머리의 구속조건은 두부자유와 두부회전구속으로 나눈다. 두부자유는 말뚝머리에서 모멘트가 0이고, 두부회전구속은 말뚝머리에서 회전각이 0이다.

6.2.1 두부자유말뚝

L_1은 최대 휨모멘트가 발생하는 지반의 깊이이고, R_f는 말뚝 선단부의 회전점 아래에 발생하는 반대방향의 지반반력의 합을 나타내며, K_{A2}는 지반반력계수를 나타낸다. $P_u(L_s)$는 다음 식에 $z = L_s$를 대입하여 구한다(그림 6.1).

$$P_u(z) = K_{A2}\gamma z d \tag{6.1}$$

짧은 말뚝은 그림 6.1(a)와 같이 말뚝이 수평하중을 받을 경우 말뚝의 선단을 중심으로 회전한다고 생각한다. 지반반력은 식 (6.1)에 의거하여 삼각분포를 나타내며 선단을 중심으로 모멘트 평형을 고려하면, 짧은 말뚝의 극한수평지지력으로 식 (6.2)가 구해진다.

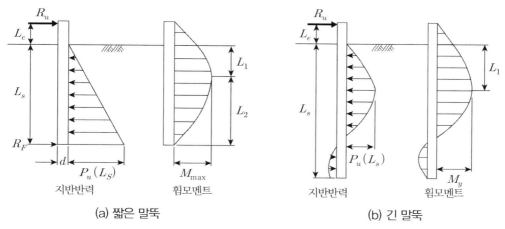

(a) 짧은 말뚝   (b) 긴 말뚝

그림 6.1 두부자유말뚝

$$R_u(L_e + L_s) - \int_0^L P_u(z)(L_s - z)dz = 0 \tag{6.2}$$

$$\therefore R_u = \frac{K_{A2} \cdot \gamma d L_s^3}{6(L_e + L_s)} \tag{6.3}$$

최대모멘트($M_{\max}$)가 발생하는 위치 L_1에서의 전단력은 0이다.

$$R_u - \int_0^L P_u(z)dz = 0 \tag{6.4}$$

$$\therefore L_1 = \sqrt{\frac{2R_u}{K_{A2}\gamma d}} \tag{6.5}$$

L_1에서 최대모멘트는 다음과 같다.

$$M_{\max} = R_u\left(L_e + \frac{2}{3}L_1\right) \tag{6.6}$$

말뚝길이를 증가시키면 $M_{\max} > M_y$가 되고, 긴 말뚝으로 취급한다. 그림 6.1(b)에서 말뚝이 길어지면 말뚝 내에 항복모멘트가 발생하는 곳에 소성힌지가 발생하며, 소성힌지 아래에서는 완전한 하중전달이 되지 않으므로 지반의 반력분포는 L까지만 완전한 극한지반반력 분포를 보인다.

$$M_y = R_u \left(L_e + \frac{2}{3} L_1 \right)$$

(6.7)

식 (6.5), (6.7)에서 수평지지력은 다음과 같다(홍원표, 1984).

$$R_u = \frac{M_y}{L_e + \sqrt{\dfrac{8R_u}{9K_{A2}\gamma d}}}$$

(6.8)

6.2.2 두부회전구속말뚝

말뚝머리의 구속조건이 구조물 하부의 캡 등에 의해 회전이 구속되면 말뚝머리에서 변위와 모멘트가 발생한다. 그림 6.2(a)에서 짧은 말뚝의 지반반력 분포는 두부자유말뚝과 동일하며 휨모멘트는 두부에서 큰 모멘트를 발생시킨다. 따라서 말뚝의 극한수평지지력은 수평방향 힘의 평형조건으로부터 다음과 같이 표시된다.

$$R_u = \int_0^L P_u(z)dz = \frac{1}{2} K_{A2} \cdot \gamma d L_s^2$$

(6.9)

또한 말뚝머리에서 최대휨모멘트는 다음과 같다.

$$M_{\max} = R_U \left(L_e + \frac{2}{3} L_1 \right)$$

(6.10)

이 최대모멘트가 말뚝의 항복모멘트를 초과하게 되면 말뚝머리에 소성힌지가 발생하며, 선단의 회전점을 중심으로 회전하면서 이동한다. 말뚝선단에서는 반대방향의 지반반력 R_F가 발생한다. 따라서 말뚝에 작용하는 외력의 수평방향의 평형조건으로부터 다음 식이 구해진다.

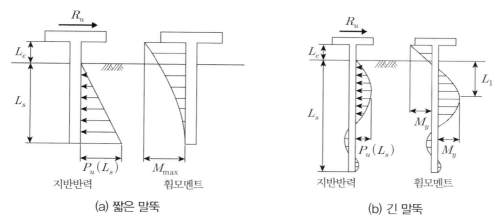

(a) 짧은 말뚝   (b) 긴 말뚝

그림 6.2 두부회전구속말뚝

$$R_u + R_F = \int_0^L P_u(z)\,dz \tag{6.11}$$

말뚝머리에서 휨모멘트를 항복모멘트 M_y로 하면 다음과 같다.

$$M_y = \int_0^L P_u(z)(z + L_e)\,dz - R_F(L_e + L_s) \tag{6.12}$$

$$= R_u(L_e + L_s) - \frac{1}{6}(K_{A2}\gamma d L_3^3)$$

따라서 수평지지력은 다음과 같다.

$$R_u = \frac{1}{L_e + L_s}\left(\frac{1}{6}K_{A2}\gamma d L_s^2 + M_y\right) \tag{6.13}$$

말뚝길이를 더욱 증가시키면, $M_{\max} > M_y$, 그림 6.2(b)처럼 말뚝머리에서는 부(−)의 $M_{\max}$와 지반깊이 L_1에서는 정(+)의 $M_{\max}$가 모두 M_y에 도달상태에서 파괴된다. L_1 위치에서 정의 최대모멘트는 다음과 같다.

$$M_{\max}^{+} = R_u\left(L_e + \frac{2}{3}L_1\right) - M_{\max} \tag{6.14}$$

$M_{\max}$는 식 (6.10)으로 구할 수 있으며, 부(−), 정(+) $M_{\max}$가 M_y에 도달한 상태에서 R_u는 식 (6.5)와 (6.14)에 의해 구한다.

$$R_u = \frac{2M_y}{\sqrt{\dfrac{8R_u}{9K_{A2}\gamma d}}} \tag{6.15}$$

식 (6.8)과 (6.15)를 비교해보면, 두부회전구속말뚝의 R_u가 두부자유말뚝의 수평지지력의 2배임을 알 수 있다.

6.3 시험현장

6.3.1 지반조건

말뚝재하시험을 실시한 현장은 도심지에서 시공된 아파트 신축현장으로 아파트구조물의 기초공으로 매입말뚝이 시공되었다. 시공현장의 지층구성은 그림 6.3에 나타난 바와 같이 매립층, 점토층, 모래·자갈층, 풍화암층으로 이루어졌다. 매립층은 대부분 실트질 모래, 모래질 실트 등이 혼재되어 있으며 습윤상태를 나타내고 있다. 매립층 하부에는 점토층이 3~5m 정도의 두께로 분포되어 있으며 하부로 갈수록 굳은 상태를 나타내고 있다. 점토층 하부에는 모래층과 모래자갈층이 8~10m 정도의 두께로 두껍게 분포되어 있으며 조밀도는 매우 조밀한 상대밀도를 보인다. 모래자갈층 하부에는 풍화암층과 연암층이 나타나고 있다. 풍화암층은 중간 정도의 풍화도를 보이고 있으며, 매우 조밀한 상태다. 그리고 연암층은 심한 풍화로 인해 균열이 상당히 진행되어 있다.

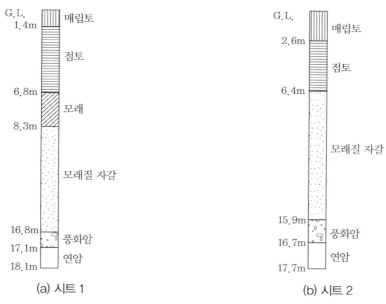

그림 6.3 지반주상도

6.3.2 시험말뚝시공

본 현장의 아파트 기초공사에 사용된 말뚝은 직경 400mm, 두께 65mm, 길이 15m의 중공형 PHC 말뚝이다. 말뚝 시공 시 굴착속도는 약 35～50cm/min며, 속기공법으로 이루어졌다. 매입 말뚝은 지표면으로부터 약 14.2～14.3m에 이르는 연암층 상단까지 이음이 없는 하나의 기성말 뚝으로 설치되어 있으며 선단부는 폐쇄되어 있다.

매입말뚝의 수평지지력을 향상시키기 위해 시멘트밀크는 3단계로 주입하는 것으로 하였다. 1단계 주입은 천공 완료 후 오거스크류를 통해 시멘트밀크를 주입하였으며, 2단계 주입은 말뚝 삽입 후 시멘크밀크를 주입하면서 케이싱을 인발하였다. 그리고 3단계 주입은 말뚝 경타 후에 시멘트밀크를 추가 주입하였다. 그러나 2단계 주입과정에서 케이싱을 제거한 후 시멘트밀크가 주변 모래자갈층의 공극으로 유입되어 시멘트밀크가 유실되는 현상이 발생하였다. 따라서 본 논 문에서는 시멘트밀크 주입비(시멘트밀크 주입 길이/말뚝의 길이)가 매입말뚝의 수평지지력에 미 치는 영향을 조사하기 위하여 말뚝 길이의 50% 정도 주입된 말뚝과 시멘트밀크를 추가로 주입 하여 70%, 100%까지 채운 말뚝에 대해서 각각 수평재하시험을 실시하였다.

6.3.3 시험장치 및 방법

말뚝수평재하시험은 정적 수평재하 방법 가운데 한 방향으로 하중을 재하하여 하중과 변위 관계를 구하는 방법을 채택하였다. 그림 6.4는 시험말뚝과 반력말뚝의 설치간격, 경사계 및 로드셀(하중계)의 설치상태를 개략적으로 나타낸 것이다. 그림에 나타난 바와 같이 시험말뚝과 반력말뚝과의 중심 간 거리는 1.2m 정도며, 일방향 재하시험 시 시험말뚝 주변지반의 영향 범위 조건을 충족시키고 있다.

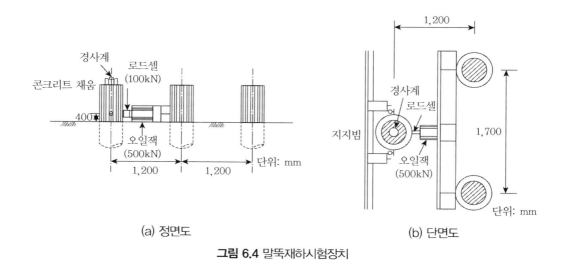

(a) 정면도   (b) 단면도

그림 6.4 말뚝재하시험장치

이 시험에 사용된 다이얼게이지의 정도는 1/100mm다. 오일잭은 500kN까지 하중을 가할 수 있으며, 로드셀은 최대 100kN까지 받을 수 있는 것을 사용하였다. 한편 수평재하시험 시 각 하중단계는 계획최대하중을 5단계로 나누어 재하하는 것으로 하였다. 각 단계의 하중 증가 시 하중유지시간은 15분으로 하였으며 하중 감소 시에는 5분간 유지시키는 것으로 하였다.

6.4 말뚝재하시험 결과

6.4.1 매입말뚝의 수평거동

그림 6.5는 수평재하시험 시 말뚝 내부에 설치된 경사계로부터 얻은 시멘트밀크 주입비에

따른 말뚝의 수평변위를 나타낸 것이다. 그림 6.5(a)에 나타난 바와 같이 시멘트밀크의 주입비가 0.5(말뚝선단으로부터 7m(50%)까지 주입)인 매입말뚝의 최대수평변위는 33.45mm로 최상단부에서 발생하였다. 말뚝의 수평변위는 매입길이에 따라 상부로부터 하부로 갈수록 거의 선형적으로 감소하고 있으며, 수평변위 발생위치는 지표면에서 약 7m 깊이인 말뚝의 중간 부분이다. 이

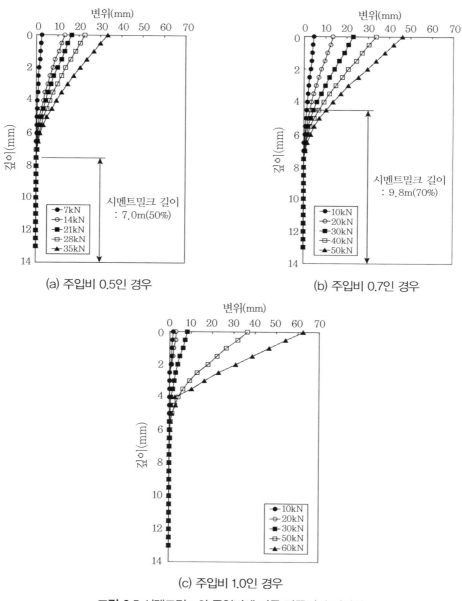

(a) 주입비 0.5인 경우

(b) 주입비 0.7인 경우

(c) 주입비 1.0인 경우

그림 6.5 시멘트밀크의 주입비에 따른 말뚝의 수평변위

부분은 지층구조상 연약층과 모래자갈층의 경계부에 해당하기도 한다.

그림 6.5(b)에 나타난 바와 같이 시멘트밀크의 주입비가 0.7(말뚝선단으로부터 9.8m(70%)까지 주입)인 매입말뚝의 경우에는 최대수평변위는 45.82mm 발생하였고, 수평변위 발생 위치는 시멘트밀크가 50% 주입된 말뚝과 동일하게 말뚝의 중간 부분인 7m 정도에서 발생하고 있다.

한편 그림 6.5(c)에 나타난 바와 같이 시멘트밀크의 주입비가 1(말뚝 두부(100%)까지 주입)인 매입말뚝의 최대수평변위는 62.26mm 발생하였다. 말뚝의 수평변위는 작용하중 30kN 이하에서는 변위가 매우 작게 발생하나 50kN에서 60kN으로 증가할 때 변위가 급격히 증가함을 알 수 있다. 한편 수평변위 발생 위치는 지표면으로부터 약 5m 떨어진 깊이에서 발생하고 있다. 따라서 매입길이가 증가할수록, 즉 시멘트밀크 주입비가 증가할수록 동일한 하중단계에서는 매입말뚝의 수평변위의 발생위치는 지표면으로 가까워진다는 것을 알 수 있다.

6.4.2 수평하중과 수평변위량

그림 6.6은 시멘트밀크의 주입비에 따른 말뚝의 수평하중과 경사계로부터 측정된 말뚝의 최대수평변위량과의 관계를 도시한 그림이다.

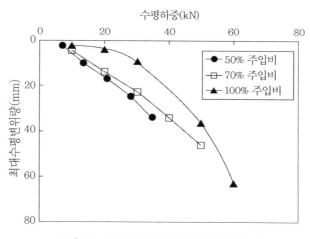

그림 6.6 수평하중과 최대수평변위의 관계

이 그림에 나타난 바와 같이 시멘트밀크의 주입비에 관계없이 작용하중이 증가함에 따라 말뚝의 수평변위량은 증가하고 있다. 또한 동일한 하중단계에서는 시멘트밀크 주입비가 증가할수록 말뚝의 수평변위는 작게 발생하는 것을 알 수 있다. 이 시험에서 시멘트밀크 주입비가 작은 경우에는 수평하중의 크기가 작은 경우만 시험이 실시되어 정확한 강도를 측정하기가 어렵지만 대략적으로 경향은 하중이 커지면 수평변위가 세 경우 모두 수렴해가는 것같이 보인다.

따라서 시멘트밀크 주입비의 영향은 하중의 크기가 작은 초기 변형 시기에 크게 나타나고 하중의 크기가 커질수록 영향이 작아짐을 알 수 있다. 즉, 이는 매입말뚝의 시멘트밀크 주입비가 1인 경우에는 초기하중에 대해서는 시멘트밀크의 효과에 의하여 말뚝변위가 어느 정도 억제되지만 하중이 커지면 시멘트밀크의 효과를 넘어 지반의 반력에만 영향을 받는 것으로 생각된다.

6.5 분석 및 고찰

6.5.1 항복하중

수평재하시험 결과로부터 얻은 하중과 수평변위와의 관계를 P-S 곡선으로 정리하여 항복하중을 산정하였다. 시멘트밀크 주입비가 0.5인 말뚝에서는 항복하중이 20~30kN 정도로 작게 나타나고 있으며 70% 주입된 말뚝에서는 40kN 정도로 크게 나타났다. 한편 시멘트밀크를 100% 주입한 말뚝에서는 항복하중이 50kN 이상으로 크게 나타나고 있다. 따라서 동일한 말뚝을 사용하였을 경우에도 말뚝주변의 시멘트밀크 주입 정도에 따라 말뚝이 받을 수 있는 수평하중이 다르게 나타남을 알 수 있다.

6.5.2 극한수평지지력

그림 6.7은 시멘트밀크 주입비에 따른 극한수평지지력을 짧은 말뚝과 긴 말뚝으로 구분하여 도시한 그림이다. 이 그림에서 짧은 말뚝 및 긴 말뚝의 극한수평지지력은 본 시험말뚝의 두부조건이 두부자유이므로 제6.2.2절에서 식 (6.8)을 이용하여 산정하였다. 단, 긴 말뚝의 극한수평지지력 산정 시 L의 길이는 경사계에서 말뚝의 변위 발생 위치를 힌지점으로 가정하여 산정하였다.

이 그림에 나타난 바와 같이 시멘트밀크 주입비가 증가할수록 말뚝의 극한수평지지력도 증가하고 있다. 또한 짧은 말뚝의 극한수평지지력이 긴 말뚝인 경우보다 1.5~2배 정도 크게 나타나고 있다.

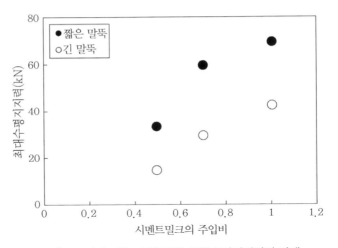

그림 6.7 시멘트밀크 주입비와 극한수평지지력의 관계

6.5.3 항복하중과 극한수평지지력의 관계

그림 6.8은 항복하중과 극한수평지지력과의 관계를 도시한 그림이다. 여기서 사용한 말뚝은 Broms(1964)[1]가 제시한 말뚝 구분 기준에 따라 계산한 결과며, 짧은 말뚝으로 판정되어 극한수평지지력 계산 시 짧은 말뚝인 경우의 산정식을 사용하였다. 이 그림에 나타난 바와 같이 항복하중(P_y)과 극한수평지지력(R_u) 사이에는 선형적인 상관관계를 보이고 있으며, 극한수평지지력은 항복하중의 1.5배 정도 큰 것으로 나타났다.

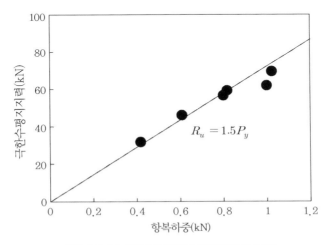

그림 6.8 항복하중과 극한수평지지력의 관계

한편 표 6.1은 시멘트밀크 주입비에 따른 말뚝의 항복하중과 극한수평지지력을 나타낸 표다.

표 6.1 말뚝의 항복하중과 극한수평지지력 (단위: kN)

	현장 1			현장 2		
	말뚝 1	말뚝 2	말뚝 3	말뚝 4	말뚝 5	말뚝 6
시멘트밀크 주입비	0.5	0.7	1.0	0.5	0.7	1.0
항복하중	21	40	50	30.5	41	51
극한수평지지력	31.4	56.2	62	45.7	59	69.5

6.5.4 항복하중과 변위량의 관계

그림 6.9는 항복하중과 항복변위량 그리고 잔류변위량의 관계를 나타낸 것이다. 그림에 나타난 바와 같이 항복변위량과 잔류변위량은 항복하중이 증가함에 따라 선형적으로 증가하고 있다. 그리고 말뚝이 항복하중에 도달할 때 발생한 항복변위량은 잔류변위량의 약 4~5배 정도 크게 나타났다. 그림에서 잔류(소성)변위량은 항복변위량 중에서 탄성변위량을 제외한 변위량이다.

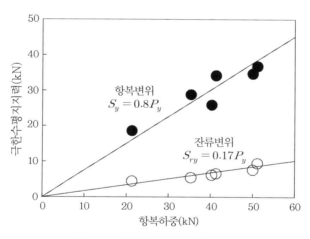

그림 6.9 항복하중과 수평변위의 관계

6.5.5 시멘트밀크 주입비의 영향

그림 6.10은 시멘트밀크 주입비에 따른 항복하중과 극한수평지지력의 관계를 나타낸 그림이다. 그림 6.10(a)에서 시멘트밀크 주입비의 증가에 따라 매입말뚝의 항복하중은 선형적으로 증가하

고 있다. 시멘트밀크 주입비가 0.5인 경우 항복하중은 20kN 정도로 나타나고 있으나, 주입비가 1.0으로 증가하였을 경우에는 3배에 이르는 60kN 정도로 항복하중이 증가하는 것을 알 수 있다. 그리고 그림 6.10(b)에 나타나 바와 같이 극한수평지지력도 항복하중과 마찬가지로 시멘트밀크 주입비에 비례하여 증가하고 있으며, 시멘트밀크 주입비가 매입길이의 1인 경우가 0.5인 경우보다 약 2배 정도 크게 나타나고 있다.

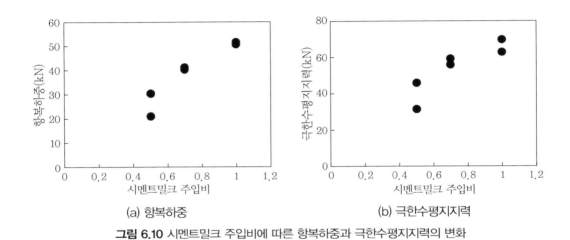

(a) 항복하중   (b) 극한수평지지력

그림 6.10 시멘트밀크 주입비에 따른 항복하중과 극한수평지지력의 변화

6.6 결론

매입공법으로 시공된 말뚝의 수평지지력 특성을 검토하기 위하여 수평재하시험 결과를 분석, 고찰하여 다음과 같은 결론을 얻었다.

(1) 시멘트밀크 주입비가 증가할수록 매입말뚝의 수평변위가 발생하기 시작하는 위치는 지표면으로 가까워지며, 동일한 하중단계에서는 시멘트밀크 주입비가 증가할수록 말뚝의 수평변위는 감소한다.

(2) 시멘트밀크 주입비의 영향은 하중의 크기가 작은 초기변형 시기에 크게 나타나고 하중의 크기가 커질수록 영향이 작게 나타났다. 초기하중에 대해서는 시멘트밀크의 효과에 의하여 말뚝변위가 어느 정도 억제되지만 하중이 커지면 시멘트밀크의 효과를 넘어 지반의 반력에

만 영향을 받는 것을 의미한다.

(3) 시멘트밀크 주입비는 말뚝의 극한수평지지력과 선형적인 상관관계를 보이고 있으며, 말뚝주변의 시멘트밀크 주입 정도에 따라 말뚝이 받는 수평하중의 크기는 다르게 나타났다.

(4) 시멘트밀크 주입비가 증가할수록 말뚝의 항복하중과 수평지지력은 증가하고 있다. 즉, 시멘트밀크 주입비가 10인 매입말뚝의 항복하중과 극한수평지지력은 시멘트밀크 주입비가 0.5인 경우보다 약 2~3배 정도 크게 나타나고 있다.

• 참고문헌 •

(1) Broms, B.B.(1964), "Lateral resistance of piles in cohesionless soil", Jour, SMFD, ASCE, Vol.90, No.SM3, pp.123-156.

(2) Chai, S.G.(2002), "Evaluation of vertical bearing capacity of SDA pile", MS Thesis, Chung-Ang. University.

(3) De Beer, E.(1988), "Different behavior of bored and driven piles", Proc. of the 1st Int. Geotechnical, Seminar on Deep Foundations on Bored and Augered Piles, pp.47-78.

(4) Hong, W.P, Chai, S.G.(2007a), "Estimation of End Bearing Capacity of SDA Augered Piles on Various Bearing Stratums", Journal of the Korean Geotechnical Society, Vol.23, No.5, pp.111-293(In Korean).

(5) Hong, W.P., Chai, S.G.(2007b), "Estimation of Frictional Capacity of SDA Angered Piles on Various Bearing Straturo", Journal of the Korean Society of Civil Engineers, Vol.27, No.4C, pp.279-292(In Korean).

(6) Hong, W.P., Lee, J.H., Chai, S.G.(2008), "Bearing Capacity of SDA Augered Piles in Various Grounds Depending on Water-Cement Ratio of Cement Milk", Journal of the Korean Geotechnical Society, Vol.24, No.5, pp.37-54(In Korean).

(7) Kusakabe, O., Kakurai, M., Ueno, K. and Kurachi, Y.(1994), "Structural capacity of precast piles with grouted base", Journal of Geotechnical Engineering, Vol.120, No.8, pp.1289-1305.

(8) Lee, S., Park, J.H., Park, J.B., Kim, T.H.(2002), "A Study on the Characteristics of Bearing Capacity for SIP Piles in Domestic Areas", Journal of the Korean Geotechnical Society, Vol.18, No.4, pp.319-327(In Korean).

(9) Paik, K.H.(1997), "Characteristics of the Bearing Capacity for New Auger-Drilled Piles", Journal of the Korean Geotechnical Soceity, Vol.13, No.4, pp.25-36(In Korean).

(10) Paik, K.H. and Yang, H.J.(2013), "Development of Steel Pile Attached PHC Piles for Increasing Base Load Capacity of Bored Pre-Cast Piles", Journal of the Korean Geotechnical Society, Vol.29, No.8, pp.53-63(In Korean).

(11) Hong, W.P. and Yun, J.M.(2013), "The lateral load capacity of bored-precast pile depending on injecting ratio of cement milk in sand", J. Korean Geosynthetics Society, Vol.12 No.4, pp.99-107(In Korean).

높은 지하수위 지반 속에 설치된 지중연속벽의 인발저항력

Chapter 07

높은 지하수위 지반 속에 설치된 지중연속벽의 인발저항력

7.1 서론

지하수위가 높은 해안지역에서 건물을 지하수위보다 아래 위치에 설치할 경우 이 건물은 높은 지하수위에 의한 부력을 받게 된다(그림 7.1(a) 참조). 또한 지하도나 지하차도와 같은 구조물을 수중에 설치하기도 한다(그림 7.1(b) 참조). 이 경우에도 이들 지하구조물은 부력을 받게 된다. 결국 이들 구조물은 부력에 의해 막대한 인발력을 받게 된다.

통상적으로 구조물에 작용하는 인발력에 저항하기 위해 앵커나 말뚝을 구조물 하부에 많이 사용하고 있다.[1-3,8] 그러나 앵커를 사용할 경우에는 앵커의 이완을 정기적으로 관리해야 하며, 말뚝을 사용하는 경우에는 인발력에 충분히 저항할 수 있게 하려면 많은 수의 말뚝을 길게 설치해야 하는 단점이 있다.[4,10] 이러한 점을 개선하기 위해 말뚝이나 앵커 대신 지중연속벽을 인발력에 저항할 수 있게 적용할 수 있다. 즉, 지중연속벽은 동일한 근입깊이와 표면조도의 조건하에서 말뚝보다 측면적이 크므로 큰 인발저항력을 가질 수 있는 특징이 있다. 따라서 말뚝이나 앵커 대신 지중연속벽을 설치하면 근입깊이를 상당히 줄일 수 있을 것이다.

지중연속벽을 인발력에 저항하는 구조물로 활용하려면 지중연속벽의 인발저항력을 정확히 예측할 수 있어야 한다. 지중연속벽의 인발저항력을 예측하려면 지중연속벽 주변지반 속에 발생하는 지중파괴면을 정확히 파악할 수 있어야 한다. 그러나 지중연속벽 인발 시의 지중파괴면의 형상이나 인발저항력은 아직까지 밝혀진 바가 없다. 따라서 본 논문에서는 지중에 설치된 지중연속벽 주변지반의 지중파괴면 형상과 지중연속벽의 인발저항력을 조사하기 위해서 일련의 모형실험을 실시한다. 먼저 지중파괴면 형상을 조사하기 위해 지중에 모형벽체를 투명 토조 속에 매설하고 그 벽체를 인발하는 모형실험을 실시한다. 그런 후 모형실험에서 파악한 지중파괴면의 형상에 근거하여 인발저항력을 산정할 수 있는 이론해석을 실시한다. 이렇게 제시된 이론해석의 신뢰성을 검증하기 위해 제시된 해석 모델에 의해 예측된 지중연속벽의 인발저항력을 모형실험에서 측정한 실험치와 비교한다.[7]

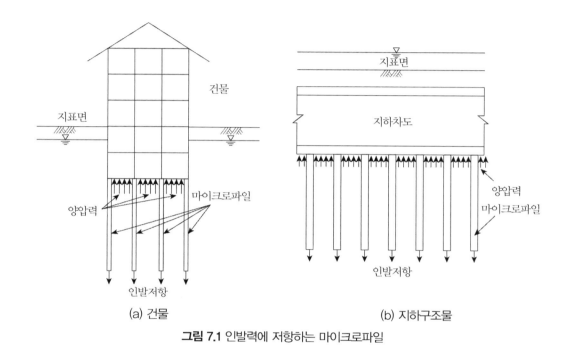

그림 7.1 인발력에 저항하는 마이크로파일

7.2 기존 연구

지중연속벽의 인발저항력을 규명하기 위해서는 지중연속벽 주변지반에서의 파괴발생기구를 정확히 파악해야 한다. 지금까지 인발력을 받는 지중연속벽의 파괴발생기구에 관한 연구는 거의 수행되지 않았다. 그러나 지중연속벽 주변지반에서의 파괴발생기구는 말뚝이나 후팅의 인발 시와 유사할 것이다. 따라서 이들 분야에 대한 연구 결과는 지중연속벽 주변지반에서의 파괴발생기구를 규명하는 데 응용할 수 있을 것이다.

인발력을 받고 있는 지중연속벽의 파괴발생기구에 관한 연구는 크게 두 그룹으로 구분할 수 있다. 하나는 파괴가 지중연속벽과 지반 사이의 경계면, 즉 지중연속벽면에서만 발생하는 경우고 또 하나는 지중연속벽 주변지반 속에서 파괴가 발생하는 경우다. 첫 번째 경우는 지중연속벽의 인발에 대한 저항력이 지중연속벽 벽면에서의 벽면마찰력에 의해서만 발휘되는 경우고, 두 번째 경우는 지중연속벽 주변지반 속의 전단파괴면에서도 발휘된다. 즉, 이 개념은 말뚝이나 후팅의 인발저항력이 말뚝이나 후팅 주변지반속의 파괴면을 따라 발휘될 수 있다는 개념에 의거하여 생각할 수 있다.(9,11-13)

인발력을 받는 말뚝의 연구 결과를 대상으로 진행된 기존 연구를 고찰해보면 다음과 같다. 먼저 말뚝의 주면마찰력이 인발저항력의 주된 요소가 된다는 개념으로는 Meverhof(1973), Das (1983)의 연구를 들 수 있다.(3,10) 즉, Meyerhof는 말뚝이 설치된 지반을 대상으로 지반의 내부마찰각에 의해 결정되는 인발계수를 제시하였다.(10) 이때 주면마찰력은 깊이에 따라 선형적으로 증가 발휘된다고 하였다. 그러나 Das는 주변 마찰력이 선형적으로 증가되는 한계깊이가 존재하며 그 한계깊이 이하에서는 마찰력이 항상 일정하게 발휘된다고 하였다.(4) 또한 Das et al.(1977)는 지반밀도와 표면의 조도에 따라 지반과 말뚝 사이의 마찰각을 흙이 내부마찰이 0.4~1.0배 사이로 정할 수 있다고 하였다.(5)

한편 말뚝 주변지만 속의 전단파괴면에서 발달하는 전단저항력에 이해서 말뚝이 인발저항력이 발휘된다고 하는 연구로는 Chatophyay & Piset(1986)(2)의 연구와 Shankeret et al.(2007)(12)의 연구를 들 수 있다. 먼저 Chatophyay & Pise는 말뚝 주변지반에 발달하는 지중파괴면을 곡선으로 가정하여 말뚝의 인발저항력을 구하였다. 그러나 Shanker et al.은 이 지중파괴면이 말뚝 선단으로부터 말뚝 주변지반 속에 깔때기 모양으로 발생한다고 가정하였고 이 지중파괴면은 연직축과 지반의 내부마찰각의 25%, 즉 $\phi/4$의 각도를 이룬다고 가정하였다. 그러나 Hong & Chim (2014)(7)은 최근 연구에서 이 지중파괴면의 각도를 보다 큰 지반의 내부마찰각의 반, 즉 $\phi/2$로 정하여 구한 말뚝인발저항력의 이론예측치가 실험치와 일치함을 보여주었다.

7.3 모형실험

7.3.1 모형실험장치

그림 7.2는 모형실험장치의 개략도다. 모형실험장치는 토조, 모형벽체, 인발장치, 기록장치의

네 부분으로 구성되어 있다.[6] 벽체인발 시 벽체 주변지반에서 발생하는 파괴면 형상을 관찰할 수 있게 토조는 투명 아크릴판으로 제작되어 있다.

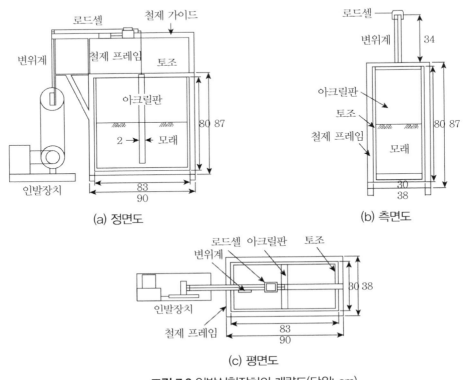

그림 7.2 인발실험장치의 개략도(단위: cm)

토조의 크기는 길이 83cm, 폭 30cm, 높이 87cm로 하였다. 모래시료를 넣은 상태에서 충분한 강성을 가질 수 있게 2cm 두께 아크릴판으로 제작하였으며 강성을 더욱 보강하기 위해 토조 외부를 강재들로 보강하였다. 그리고 모래시료를 채우기 전에 모형실험장치를 용이하게 이동시키기 위해 강재를 아래 바닥에 네 개의 바퀴를 부착하였다.

모형벽체는 높이 76cm, 폭 26cm, 두께 2cm의 크기로 제작하였으며 벽체표면의 마찰을 현장상태에서의 마찰과 유사한 상태로 마련하기 위해 아크릴 벽체의 양면에 접착제를 바르고 모래입자를 부착시켜 조성하였다. 실험 중 이 벽면에 부착시킨 모래입자의 일부가 떨어져 나가므로 매 실험 전에 모래입자를 재부착하여 항상 동일한 마찰조건에서 실험을 실시하였다.

이 벽체의 상단에 두 개의 고리를 만들어 벽체 인발용 강선을 연결할 수 있게 하였다. 강선은

과도한 변위가 발생하지 않도록 충분한 강성을 하도록 하였으며, 그림 7.2(a)에 도시되어 있는 바와 같이 강제를 상부에 설치한 도르래를 통하여 인발장치에 연결하였다. 벽체에 연결된 강선을 모터에 연결하여 지중벽체를 0.5mm/min의 속도로 인발할 수 있도록 하였다. 이 인발속도 0.5mm/min은 모래에 대한 직접전단시험에 통상 적용되는 전단속도 중 최저속도에 해당하는 속도로 지중벽체의 인발실험을 완속으로 실시하였다.

표 7.1 모형지반용 모래의 특성

유효입경(mm)	1.1
균등계수	2.32
곡률계수	0.91
비중	2.66
최대건조단위중량(kN/m^2)	15.30
최소건조단위중량(kN/m^2)	13.14

기록장치는 하중계, 변위계 데이터로거 및 컴퓨터로 구성하였으며, 하중계는 490N의 최대용량을 가지며 변위계는 10cm까지의 변위를 측정할 수 있게 하였다. 하중계와 변위계는 데이터로거에 연결되어 있으며 입력된 정보가 자동으로 컴퓨터에 저장되도록 하였다. 컴퓨터로 정리된 인발력과 인발변위 사이의 관계를 보면서 지반 내 파괴면의 형상을 사진 촬영하였다.[6]

7.3.2 모래시료

북한강에서 채취한 모래 중 세립분을 제거하여 모형지반을 조성하였다. 깨끗하고 균등한 조립모래를 사용하기 위해 채취한 모래를 물로 씻으면서 #16번체(1.19mm)로 걸러 세립분을 완전히 제거한 후 오븐에서 24시간 건조시켰다.

모형실험에 사용한 모래의 물성은 유효입경이 1.1mm, 균등계수는 2.32, 곡률계수는 0.91, 비중은 2.66, 최대·최소 건조단위중량은 각각 15.30kN/m^3과 13.14kN/m^2(이들의 최대·최소 간 극비는 각각 1.01과 0.71에 해당함)다.

세 종류의 밀도를 가지는 모형지반을 조성하기 위해 느슨한 밀도지반으로는 상대밀도를 40%로 하였고, 중간 밀도지반으로는 상대밀도를 60%로 하였으며 조밀한 밀도지반으로는 상대밀도를 80%로 하였다.

모형지반을 조성하기 위해 10×5mm 크기의 개구부를 가지는 깔때기에 모래시료를 넣고 정해진 높이에서 자유낙하시켰다. 이때 낙하높이와 상대밀도의 상관관계를 예비실험을 통하여 파악한 결과 상대밀도 40%의 경우는 15cm 높이로, 상대밀도 60% 의 경우는 33cm 높이로, 상대밀도 80%의 경우는 76cm 높이로 결정할 수 있었다.

사용된 느슨한 밀도지반에서의 내부마찰각은 40.68°(0.71rad)고 건조단위중량은 13.83kN/m^{3}이었다. 중간밀도 지반과 조밀한 밀도 지반에서의 내부마찰각은 각각 41.25°(0.72rad)와 45.26°(0.79rad)였으며 건조단위중량은 각각 14.32kN/m^{3}과 14.71kN/m^{3}이었다.

표 7.2 모형지반 및 모형 벽체의 특성

상대밀도 D_r(%)	내부마찰각 ϕ(°)	건조단위중량 γ_d(kN/m^3)	지중연속벽
40	40.68	13.83	근입깊이: 30cm
60	41.25	14.32	근입비(L/t): 15
80	45.26	14.71	벽체 두께: 2cm

7.3.3 실험계획

먼저 토조벽면을 깨끗하게 닦아 투명하게 보이도록 하였다. 그런 후 모형실험 중 토조내부벽면에서 발생할 수 있는 벽면마찰의 영향을 제거하기 위해 토조내부벽면에 오일을 바르고 비닐랩을 부착시켰다.

토조의 중앙 위치에 모형벽체를 강선에 매달아 설치하였고, 벽체의 근입깊이에 해당하는 높이에 도달할 때까지 모래를 정해진 높이에서 자유낙하시켰다. 이때 매 3cm 높이의 모래 채움이 끝날 때마다 3mm 폭의 수평 흑색 모래띠를 조성하였다. 흑색 모래는 사용 모래 시료에 탄소를 착색시켜 만들었다. 마지막으로 일정한 속도로 연속벽을 인발하면서 인발력과 인발변위를 측정하였다. 시험 중 컴퓨터로 인발변위와 인발력의 관계를 조사하면서 벽체 주변지반의 변형 형상을 카메라로 촬영하였다.[6]

이 실험에서는 세 종류의 지반밀도(상대밀도 40%, 60%, 80%)에 대하여 3번씩 모두 9번의 실험을 실시하였다. 모형벽체의 근입깊이는 30cm로 하여 근입비(L/t: 벽체의 두께 t와 근입깊이 L의 비)가 15인 경우로 하였다.

7.4 모형벽체 주변지반의 변형

7.4.1 지반변형의 관찰

그림 7.3은 모형벽체의 인발실험 중 벽체 주변지만 속에 발생한 지반변형 상태를 보여주고 있다. 지반변형거동은 지반조성 시 마련된 흑색 모래띠의 이동 상태를 관찰하여 조사하였다. 이러한 지반변형 관찰로 벽체 인발 시 지반에 발생하는 소성변형이 영역을 파악할 수 있었다. 이는 결국 벽체 인발 시 지중에 발달하는 지중파괴면 형상을 정하는 데 도움이 되었다.

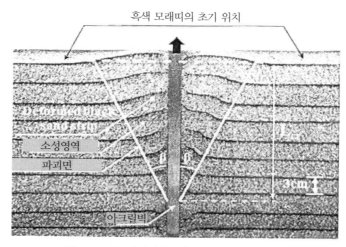

그림 7.3 지중 파괴면 형상(조밀한 지반 D_r =80%)

지표면에서 흑색 모래띠의 원래 위치는 그림 7.3에 파선으로 표시하였다. 벽체의 인발로 인하여 벽체에 인접한 위치에서 흑색 모래띠는 원래 위치보다 위쪽으로 이동하였으며, 벽체에서 떨어진 구역의 나머지 부분에서는 흑색 모래띠 위치에 변화가 없었다. 이들 각각 흑색 모래띠 위치에서 변형이 발생한 시점은 각각 다르게 나타났다. 즉, 흑색 모래띠의 변화지점은 지표면에서 가장 넓게 발생하였고 지중으로 깊이 들어갈수록 점차 벽체에 가까워져 역삼각형의 형상으로 나타났다.

결국 지표면에서부터 어느 근입깊이에 도달할 때까지 점점 지반변형이 발생하는 영역이 좁아지고 있음을 알 수 있다. 이 근입깊이를 한계근입깊이 L_{cr} 이라 정할 수 있고 지중파괴면은 이들 흑색 모래띠의 변곡점을 연결하여 정할 수 있다. 이 지중파괴면은 지반의 소성상태와 탄성

상태를 구분하는 면이 된다. 즉, 이 지중파괴면과 벽면 사이의 지반에서는 지반변형량이 크게 관찰된 소성상태에 있게 되고, 이 파괴면 외측 지반에서는 지반변형이 발생하지 않는 탄성 상태에 있게 된다.

소성영역을 나타내는 한계근입깊이는 그림 7.3에서 보는 바와 같이 24cm로 나타나서 한계근입비 L_{cr}/t는 12가 됨을 알 수 있다. 이 근입깊이는 상대밀도가 다른 두 모형지반에서도 동일하게 나타났다. 결국 벽체주변지반에서 발생하는 지중파괴면의 형상은 한계근입비가 12에 해당하는 근입깊이에서 시작하여 연직축과의 β 각도를 가지는 역삼각형의 형태가 된다고 할 수 있다.

7.4.2 지중파괴면의 각도

지중파괴면의 각도 β는 그림 7.3의 사진에서 측정할 수 있었다. 단, 각도 β는 벽체의 좌우 두 쪽에서 모두 측정할 수 있었다. 그림 7.4는 전체 모형실험 결과에서 측정한 모든 지중파괴면의 각도 값을 모래의 내부마찰각 ϕ와 연계하여 도시한 그림이다.

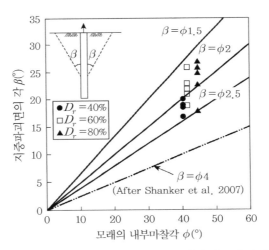

그림 7.4 모래의 내부마찰각 ϕ와 파괴면 각 β의 관계

그림 7.4에 의하면 β는 상대밀도가 증가할수록 크게 측정되었다. 모든 측정값은 그림 7.4 속에 표시한 $\beta = \phi 1.5$ 선과 $\beta = \phi 2.5$ 선 사이에 존재하였다. 따라서 이들 두 선 사이의 평균선 $\beta = \phi 2$는 지중파괴면의 각도와 지반의 내부마찰각 ϕ 사이의 평균 상관관계식으로 정할 수 있다.

7.4.3 파괴면의 기하학적 형상

그림 7.5(a)는 모형실험에서 관찰된 지반변형에 의거하여 파악된 지중연속벽 주변지반에 발생하는 지중파괴면의 가하학적 형상을 도시한 그림이다. 이 그림에 도시된 바와 같이 지중연속벽 주변지반 속에 발생한 역삼각형 프리즘 형상 내부의 지반을 지중연속벽 주변지반의 소성영역으로 정의할 수 있다. 이 지중파괴면은 벽체선단에서 연직축과 $(\beta = \phi/2)$의 각도로 발생하고 지표면까지 선형적으로 연속하여 발생한다.

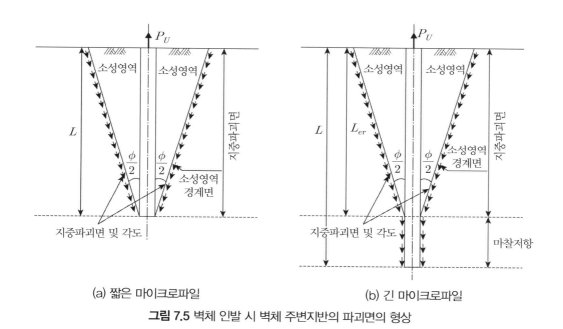

(a) 짧은 마이크로파일   (b) 긴 마이크로파일

그림 7.5 벽체 인발 시 벽체 주변지반의 파괴면의 형상

역삼각형 지중파괴면상에서는 벽체에 인발력이 작용할 때 인발에 저항하여 인발저항력이 발달하게 된다. 이 인발저항력은 지중파괴면상에 발휘되는 전단강도에 의해 발달하게 될 것이다. 그러나 만약 지중연속벽이 깊은 지층까지 근입되어 있으면 파괴면은 벽체선단에서부터 시작되지 않고 벽체의 어느 제한된 깊이에서부터 시작된다. 이 제한된 근입깊이를 한계근입깊이라 정의한다.

따라서 지중연속벽은 그림 7.5에서 보는 바와 같이 근입깊이에 따라 짧은 연속벽와 긴 연속벽의 두 종류로 구분할 수 있다. 즉, 벽체의 근입깊이가 한계근입비(L_{cr}/t)로 정해지는 한계근입깊이 L_{cr}보다 짧으면 그 벽체는 그림 7.5(a)에서 보는 바와 같이 짧은 연속벽으로 취급할 수 있으며, 길면 그림 7.5(b)에서 보는 바와 같이 긴 연속벽으로 취급할 수 있다.

Das(1983)는 모래지반 속 말뚝에 대한 실험에서 말뚝의 한계근입비를 상대밀도의 함수로 제시한 바 있다.[4] 그러나 연속벽에 대한 모형실험에서 측정된 한계근입비는 앞에서 관찰된 바와 같이 상대밀도에 상관없이 일정한 값 12로 나타났다.

짧은 연속벽의 경우는 그림 7.5(a)에서 보는 바와 같이 지반 속에 발생하는 지중파괴면에서의 지반전단강도에 의해서만 인발저항력이 발휘된다.

한편 긴 연속벽의 경우는 그림 7.5(b)에서 보는 바와 같이 한계근입깊이 상부의 지중파괴면상의 전단저항력 성분과 한계근입깊이 하부의 벽면에서의 벽면마찰저항력 성분의 두 성분으로 구성되어 있다. 이 경우 벽체와 지반 사이의 벽면마찰각은 벽체에 작용하는 토압과 더불어 벽면마찰저항력의 중요한 요소가 된다.

7.5 지중연속벽 인발저항력의 이론 해석

7.5.1 지중파괴면 작용 토압계수

모형벽체 주변지반의 변형거동을 관찰한 결과 밝혀진 소성영역 내 임의위치에서의 지반의 수평절편요소 A의 변형상태는 그림 7.6과 같이 도시할 수 있다. 즉, 지반요소 A는 초기에는 실선으로 표시되어 있으며 인발력의 영향으로 파선으로 표시된 요소로 변형하게 된다. 즉, 인발력에 의한 전단응력의 작용으로 인하여 지반요소 A는 그림 7.6에서 보는 바와 같이 볼록한 원호모양의 파선요소로 변형하게 된다.

여기서 소성영역 내 세 단면에서의 응력을 고려하여 토압계수를 고찰해본다. 즉, 벽체와 지반 사이의 경계면인 벽면에서의 단면 I, 백체가 파괴면의 중간 위치의 가상단면 II, 파괴면에서의 단면 III에 대하여 검토해보기로 한다. 세 단면에 사용하는 수직응력을 σ_{hw}, σ_{hII}, σ_N으로 표시하고 이들 응력은 미소변형 상태에서 모두 수평응력 σ_h와 동일하다고 가정한다.

먼저 단면 I에서는 극한인발력이 작용하였을 때 전단응력 τ_w와 수직응력 σ_{hw}가 작용한다. 주동응력 상태에서는 수직응력과 전단응력이 $\tau_w = \sigma_{hw}\tan\delta$의 관계가 성립한다. 여기서는 δ는 벽면마찰각, $\sigma_{hw} = K_a\sigma_v$는 σ_v는 역직응력, K_a는 주동토압계수다.

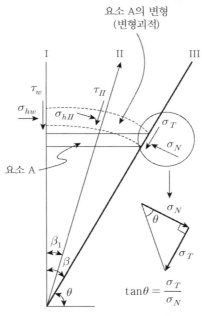

그림 7.6 지반요소 A의 변형

다음으로 단면 II에 대해서는 파괴면이 지반토괴 내에 위치하므로 단면 I에서의 벽면마찰각 δ는 흙의 내부마찰각 ϕ로 된다($\delta = \phi$). 따라서 전단응력 τ_{II}는 $\sigma_{hw}\tan\phi$가 된다.

마지막으로 단면 III에서는 파괴면에 접선방향으로 σ_T, 수직방향으로 σ_N이 작용하며 σ_T는 $\sigma_N\tan\theta$가 된다. 접선방향응력 σ_T는 단면 II에 작용하는 접선방향응력 τ_{II}와 같으므로 식 (7.1)과 같이 된다.

$$\sigma_T = \tau_{II} = \sigma_N\tan\phi \tag{7.1}$$

앞에서 σ_N은 σ_h와 같다고 가정하였으므로 식 (7.1)은 다음과 같이 된다.

$$\sigma_N = \sigma_h = \frac{\sigma_T}{\tan\theta} = \frac{\tau_{II}}{\tan\theta} = k_a\frac{\tan\phi}{\tan\theta}\sigma_v \tag{7.2}$$

식 (7.2)의 연직응력 σ_v와 수평응력 σ_h의 비가 토압계수가 되므로 토압계수 k는 식 (7.3)과 같이 된다.

$$k = \frac{\sigma_h}{\sigma_v} = k_a \frac{\tan\phi}{\tan\theta} = \frac{(1 - \sin\phi)}{(1 + \sin\phi)} \frac{\tan\phi}{\tan\theta} \qquad (7.3)$$

여기서 $\theta = \frac{\pi}{2} - \beta$, β는 파괴면과 연직축과의 사이각이다.

7.5.2 지중연속벽의 인발저항력

그림 7.7(a)는 모형실험 결과 밝혀진 파괴면의 기하학적 형상으로 벽체가 인발될 때 벽체 주변지반에는 역삼각형 모양의 소성영역이 존재함을 알았다. 지중연속벽의 인발저항력 해석은 벽체길이 방향인 y축 방향으로 평면변형률 상태를 대상으로 실시한다.

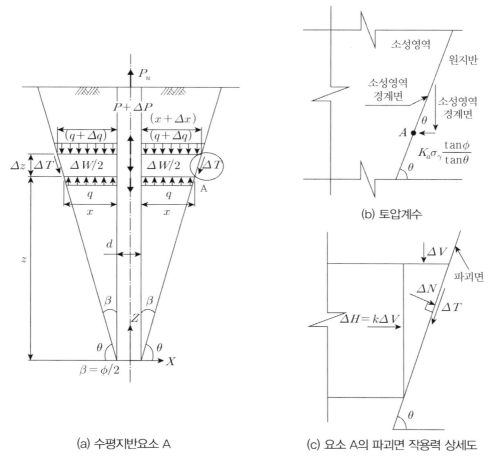

(a) 수평지반요소 A   (b) 토압계수   (c) 요소 A의 파괴면 작용력 상세도

그림 7.7 지중연속벽의 인발저항력 산정 이론해석

그림 7.7(a)에 수평요소 A에 작용하는 응력과 힘을 모두 도시하였다. 여기서 Δz는 벽체선단에서 z 거리에 있는 수평요소 A의 두께고 P와 $(P+\Delta P)$는 수평요소 A에 작용하는 인발력이다. q와 $(q+\Delta q)$는 수평요소 A에 작용하는 연직응력이며 ΔW는 수평요소 A의 흙자중이고(벽체중량은 포함되어 있지 않음) ΔT는 파괴면에 발달하는 전단력이다.

(1) 한계근입깊이 상부의 인발저항력

수평요소 A부분의 양쪽 측면단부에 있는 파괴면에 발달하는 전단저항력 ΔT는 식 (7.4)와 같다.

$$\Delta T = (c + \sigma_N \tan\phi)\Delta L \tag{7.4}$$

여기서, $c,\ \phi$ = 지반의 점착력과 내부마찰각

ΔL = 수평요소 A부분에 속하는 양단부 파괴면의 길이

$\sigma_N (= \Delta N / \Delta L)$ = 파괴면에 작용하는 수직응력

ΔN = 파괴면에 작용하는 수직력

ΔN은 그림 7.7(c)와 같이 파괴면에 작용하는 연직력 ΔV와 수평력 $\Delta H(= k\Delta V)$의 수직방향 분력의 합이다.

$$\sigma_N = \frac{\Delta N}{\Delta L} = \frac{\Delta V}{\Delta L}(\cos\theta + k\sin\theta) \tag{7.5}$$

$$= \frac{\gamma}{\Delta L}(L - z)(\cos\theta + k\sin\theta)$$

여기서, k는 식 (7.3)으로 구할 수 있다.

식 (7.4)에 (7.5)를 대입하면 식 (7.6)이 구해진다.

$$\Delta T = \{c + \gamma k_w (L - z)\}\frac{\Delta z}{\sin\theta} \tag{7.6}$$

여기서, $k_w = \{\cos\theta + k\sin\theta\}\tan\phi$

$\gamma = $ 지반의 단위체적중량

$L = $ 벽체의 근입깊이

수평요소 A의 반쪽부분에 작용하는 힘의 평형조건으로부터 식 (7.7)이 구해진다.

$$\frac{1}{2}(P+\Delta P) - \frac{P}{2} + qx - (q+\Delta q)(x+\Delta x) - \frac{\Delta W}{2}\Delta T\sin\theta = 0 \qquad (7.7)$$

고차미계수량을 무시하면 식 (7.8)이 구해진다.

$$\frac{1}{2}\Delta P - q\Delta x - x\Delta q - \frac{1}{2}\Delta W - \Delta T\sin\theta = 0 \qquad (7.8)$$

식 (7.8)의 ΔT에 식 (7.6)을 대입하고 미분방정식 형태로 표현하면 식 (7.9)가 구해진다.

$$\frac{dP}{dz} = 2\left\{q\frac{dx}{dz} + x\frac{dq}{dz}\right\} + \frac{dW}{dz} + 2\gamma\left\{\frac{c}{\gamma} + k_m(L-z)\right\} \qquad (7.9)$$

수평요소 A의 상부 토피하중에 의한 연직응력은 식 (7.10)과 같다.

$$q = \gamma(L-z) \ \text{ 그리고 } \ \frac{dq}{dz} = -\gamma \qquad (7.10)$$

수평요소 A의 중량은 식 (7.11)과 같다.

$$\frac{dW}{2} = \gamma\left(x - \frac{t}{2}\right)dz \ \text{ 그리고 } \ \frac{dW}{dz} = 2\gamma z\cos\theta \qquad (7.11)$$

수평요소 A의 폭은 기하학적 관계에서 식 (7.12)와 같이 구할 수 있다.

$$x = z \cot\theta + \frac{t}{2} \quad \text{그리고} \quad \frac{dx}{dz} = \cot\theta \tag{7.12}$$

시 (7.10)에서 (7.12)까지의 관계를 식 (7.9)에 대입하면 식 (7.13)이 구해진다.

$$\frac{dP}{dz} = 2\gamma \left\{ L\cot\theta - z\cot\theta - \frac{1}{2}t + k_m L - k_m x + \frac{c}{\gamma} \right\} \tag{7.13}$$

식 (7.13)을 벽체의 근입깊이에 걸쳐 적분하여 지중파괴면 전체에서 발휘되는 전단저항에 의한 인발저항력성분 P_{SR}을 식 (7.14)와 같이 구할 수 있다. 단, 식 (7.14)에는 벽체의 자중은 포함되어 있지 않다.

$$P_{SR} = 2\gamma \left\{ \frac{1}{2}L^2\cot\theta - \frac{1}{2}tL + \frac{1}{2}k_m L^2 + \frac{c}{\gamma}L \right\} \tag{7.14}$$

(2) 한계근입깊이 상부의 인발저항력 산정식의 특성

식 (7.14)에는 네 개의 주요 변수가 포함되어 있다. 이 중 두 개는 벽체의 형상에 관한 변수로 백제의 근입깊이와 두께고 나머지 두 개는 지반의 전단강도 정수인 내부마찰각과 점착력이다.

그림 7.8(a), (b), (c)는 벽체의 인발저항련 산정식의 특성을 도시한 그림이다. 즉, 그림 7.8(a)는 벽체의 근입깊이와 두께가 인발저항력에 미치는 영향을 도시한 그림이고, 그림 7.8(b)와 (c)는 벽체 주변지반의 내부마찰각과 점착력이 인발저항력에 미치는 영향을 도시한 그림이다.

우선 그림 7.8(a)는 벽체의 근입깊이와 두께의 영향을 보여주고 있다. 수평축은 근입깊이와 두께의 비인 근입비 L/t를 나타낸다. 근입비를 4에서 12까지로 변화시키고 두께는 0.5m에서 2.5m까지 변화시키면서 식 (7.14)로부터 산정된 인발저항력의 변화를 도시하면 그림 7.8(a)과 같다. 여기서 지반정수는 $\phi = 30°$, $c = 0$, $\gamma = 15\text{kN/m}^3$으로 정하였다. 이 그림에 의하면 우선 벽체의 두께가 일정한 경우 근입비가 클수록, 즉 근입길이가 길수록 인발저항력이 증가하고 동일한 근입비 상태에서는 벽체두께가 클수록 인발저항력이 증가함을 알 수 있다. 따라서 벽체의 근입깊이와 두께는 지중연속벽의 인발저항력에 큰 영향을 미친다고 할 수 있다.

그림 7.8(b)는 벽체의 인발저항력에 미치는 모래지반의 내부마찰각의 영향을 조사한 결과다.

벽체의 두께는 1m로 하고 내부마찰각을 10°에서 60°까지 변화시켜 인발저항력의 변화를 보여주고 있다. 이 결과에 의하면 내부마찰각이 클수록 인발저항력도 크게 증가함을 알 수 있다.

그림 7.8(c)는 지반의 점착력을 10kPa에서 60kPa까지 변화시키면서 인발저항력의 변화를 조사한 결과다. 이 결과 지반의 점착력이 크면 인발저항력도 크게 발휘됨을 알 수 있다. 결국 그림 7.8(b)와 (c)로부터 지반의 강도정수는 인발저항력에 큰 영향을 미치고 있음을 알 수 있다.

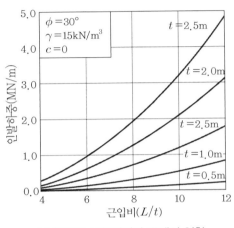

(a) 벽체의 근입깊이와 두께의 영향

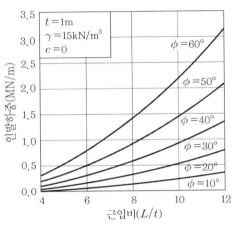

(b) 벽체 주변지반의 내부마찰각의 영향

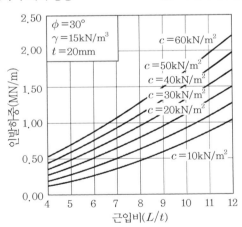

(c) 벽체 주변지반의 점착력의 영향

그림 7.8 인발저항력 산정식의 특성

(3) 한계근입깊이 하부에서의 벽면마찰저항력

Das(1983)는 한계근입깊이까지는 말뚝의 단위주변마찰력이 선형적으로 증가하다가 한계근입깊이 하부에서는 단위주변마찰력이 더 이상 증가하지 않고 일정하게 된다고 하였다. 이 결과를 지중연속벽에 적용하면 한계근입깊이 하부에서의 벽면마찰저항력 P_{SK}는 다음과 같다.

$$P_{SK} = (L - L_{cr})(c + \gamma L_{cr} K_u \tan\delta) \tag{7.15}$$

(4) 지중연속벽의 전체 인발저항력

그림 7.5(a)에 도시된 짧은 연속벽에서 전체인발저항력 P_u는 식 (7.14)에 벽체자중 W_p를 더하여 식 (7.16)과 같이 된다.

$$P_u = P_{SK} + W_w = 2\gamma\left\{\frac{1}{2}L^2\cot\theta - \frac{1}{2}tL + \frac{1}{2}k_mL^2 + \frac{c}{\gamma}L\right\} + W_w \tag{7.16}$$

한편 그림 7.5(b)와 같은 긴 연속벽의 경우는 전체 인저항력은 한계근입깊이의 상부, 하부 모두에 대하여 계산하여야 하므로 식 (7.14)와 (7.15)에 벽체자중 W_w를 더하여 식 (7.17)과 같이 구해진다.

$$
\begin{aligned}
P_u &= P_{SK} + P_{sk} + W_w \\
&= 2\gamma\left\{\frac{1}{2}L^2\cot\theta - \frac{1}{2}tL + \frac{1}{2}k_mL + \frac{c}{\gamma}L\right\} \\
&\quad + (L - L_{cr})(c + \gamma L_{cr}k_m\tan\delta) + W_w
\end{aligned}
\tag{7.17}
$$

7.6 인발저항력 모형실험 결과

7.6.1 지중연속벽의 인발거동

그림 7.9는 모형벽체인발 시 인발력과 인발변위 사이의 거동을 도시한 그림이다. 이 그림에

서 보는 바와 같이 초기인발 시 인발력은 인발변위와 함께 선형적으로 증가하였다. 대략 3~4mm의 인발변위까지는 이러한 선형탄성거동을 보였다. 또한 동일한 인발변위에서 인발력의 증가율은 조밀한 지반의 경우일수록 크게 발생하였다.

탄성변위한계 이후에도 인발력은 첨두인발력에 도달할 때까지 비선형적으로 증가하였다. 첨두인발력은 대략 6~7mm의 인발변위에서 발생하였고 조밀한 지반일수록 크게 발생하였다. 이 첨두인발력이 지중연속벽의 인발저항력에 해당한다. 이 첨두인발력이 지중연속벽의 인발저항력에 해당한다고 할 수 있다. 첨두인발력 발생 이후에는 인발력이 급격히 감소하여 잔류인발력에 도달하는 연화현상이 심하게 나타났다.

그림 7.10은 첨두인별저항력과 진류인발저항력에 미치는 상대밀도의 영향을 도시한 그림이다. 이 그림에 의하면 모형벽체의 첨두인발저항력과 잔류인발지향력은 모두 상대밀도의 증가에 따라 선형적으로 증가하였음을 알 수 있다. 따라서 모형벽체의 첨두인발저항력과 잔류인발저항력은 상대밀도에 큰 영향을 받는다고 할 수 있다.

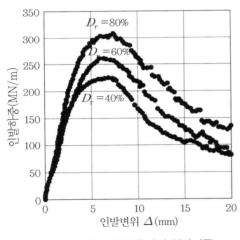

그림 7.9 모형지중연속벽의 인발거동

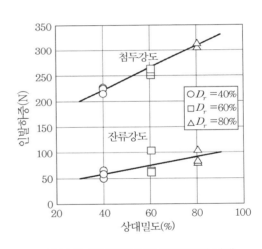

그림 7.10 상대밀도와 인발지지력의 관계

한편 그림 7.11은 첨두인발저항력 혹은 잔류인발저항력에 도달하였을 때의 인발력과 인발변위와의 관계를 도시한 그림이다.

그림 7.11(a)로부터 첨두인발저항력이 크면 그때의 인발변위도 크게 발생하였음을 알 수 있다. 따라서 큰 첨두인발저항력이 발휘될 수 있는 조밀한 지반에서는 인발변위도 크게 발생한다

고 할 수 있다.

그러나 잔류인발저항력과 인발변위의 관계는 그림 7.11(b)에서 보는 바와 같이 반대로 나타 났다. 즉, 조밀한 지반일수록 작은 인발변위에서 잔류인발저항력에 도달하였음을 알 수 있다. 이는 모래의 전단특성과도 일치하는 결과라고 생각한다.

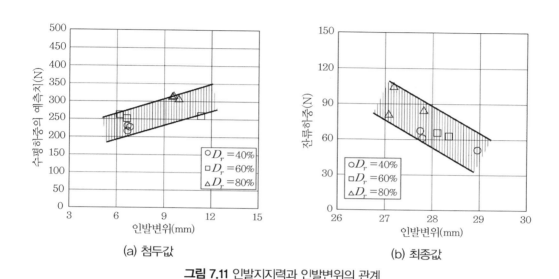

그림 7.11 인발지지력과 인발변위의 관계

7.6.2 실험치와 예측치의 비교

그림 7.12는 일련의 모형실험에서 측정된 모형벽체의 인발저항력과 앞 장에서 유도·제시한 이론 모델에 의해 산정된 벽체의 인발저항력의 예측치를 비교한 결과다. 이 그림의 가운데 대각선은 측정치와 예측치가 동일한 선을 의미한다.

모형실험에 적용된 근입비($\lambda = L/t$)는 15였으며 그림 7.3에서 관찰한 바와 같이 한계근입비 ($\lambda_{cr} = L/t$)가 12 정도였으므로 본 실험은 긴 연속벽에 해당한다. 따라서 인발저항력의 예측치 는 식 (7.16)으로 산정되었다. 그러나 식 (7.16)에 의한 인발저항력 산정식에는 한계근입깊이 하부에서는 벽체와 지반 사이의 벽면마찰각 δ를 포함하고 있으므로 이 벽면마찰각 δ에 따라 예측치는 변화될 수 있다.

일반적으로 지반공학 분야의 설계에서는 벽체와 지반 사이의 벽면마찰각은 지반의 내부마찰 각의 1/2~2/3를 사용하는 경우가 많다. 따라서 그림 7.12에서는 인발저항력의 예측치를 이 두 경우에 대하여 검토해보기로 한다. 그림 7.12 속에 도시된 45° 경사의 대각선은 예측치와 실험치가 일치함을 의미한다.

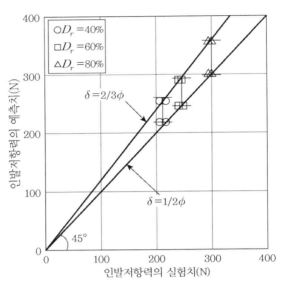

그림 7.12 지중연속벽의 인발저항력의 실험치와 예측치의 비교

그림 7.12에서 보는 바와 같이 $\delta = 2/3\phi$을 적용한 경우의 예측치는 실험치보다 최대 20% 정도 과다 산정되었으며 $\delta = 1/2\phi$를 적용한 경우의 예측치는 실험치와 잘 일치하고 있다. 따라서 긴 연속벽의 인발저항력을 예측할 때는 한계근입깊이 하부의 벽면마찰각을 지반내부마찰각의 1/2만 적용함이 타당하다. 이 결과는 모형실험에서 모형벽면의 조도를 현장에 보다 접근시키기 위해 벽면에 접착제를 바르고 모래입자를 부착시켜서 얻을 수 있었던 결과다. 만약 벽면이 더 부드러운 상태라면 벽면마찰각은 더 낮아질 수도 있다.

이와 같이 벽체와 지반 사이의 벽면마찰각을 작게 결정해야 하는 또 다른 근거로 모형실험 결과에서 볼 수 있던 바와 같이 벽체가 인발될 때 벽체선단부에 공동이 발생하였다. 이 공동으로 주변 모래가 함몰되어 채워지므로 지반이 이완되어 느슨한 상태가 된다. 따라서 내부마찰각의 2/3를 적용하는 것은 너무 과다한 적용이 될 가능성이 있다.

7.7 결론

지하수위가 높은 지반 속에 설치된 지중연속벽의 인발저항력을 예측하기 위한 이론해석과 모형실험이 실시되었다. 우선 지중에 설치된 벽체를 인발할 때 벽체부근 지반 속에 발생하는 파괴면을 관찰하기 위해 일련의 모형실험을 실시하였다. 이 모형실험 결과 모형벽체 주변지반에 발생한 소성영역은 연직축과 $\beta = \phi/2$의 각도를 이루는 영역 내부로 밝혀졌으며 이 소성영역의 경계면을 지중파괴면으로 정의하였다.

이러한 모형실험으로 정의된 지반 속 파괴면의 형상에 근거하여 지중벽체의 인발저항력을 산정할 수 있는 이론해석이 실시되었다. 이 식에는 벽체의 길이와 두께, 벽면마찰각, 지반의 전단강도 정수 등 벽체와 지반에 관련된 네 요소가 포함되어 있다.

모형벽체 인발 시 초기 인발단계에서는 인발력과 인발변위 사이 관계가 선형탄성거동을 보이다가 이후 첨두인발력이 작용할 때까지 비선형탄성거동을 보였다. 이 첨두인발력을 인발저항력으로 적용할 수 있다. 첨두인발력 발생 후 인발력은 급격히 감소하여 잔류인발저항력에 도달하는 연화현상이 발생하였다.

조밀한 밀도의 지반일수록 지중벽체의 첨두인발저항력과 잔류인발저항력이 모두 높게 발생하였다. 이때 조밀한 지반일수록 첨두인발저항력에 도달하였을 때의 인발변위는 크게 발생하였으나 잔류인발저항력에 도달하는 인발변위는 작게 나타났다.

제안된 해석 모델에 의해 산정된 인발저항력의 예측치는 실험치와 잘 일치하였다. 단, 제안된 인발저항력 산정식을 적용할 때 한계근입깊이 하부 벽체의 벽면마찰각은 지반의 내부마찰각의 1/2로 적용하는 것이 바람직하다.

● 참고문헌 ●

(1) Balla. A.(1961). "The resistance to breaking out of mushroom foundations for pylons", *Proceeding of the 5th International Conference on Soil Mechanics and Foundation Engineering*, Vol.1. pp.569-676.

(2) Chattopadhyay. B.C. and Pise. P.J.(1986), "Uplift capacity of piles in sand", *Journal of Geotechnical Engineering*, ASCE, Vol.112, No.9, pp.888-904.

(3) Choi, Y.S.(2010), "A study on pullout behavior of belled tension piles embedded in cohesionless soil", *Thests of Chung Ang University*, Seoul, Korea.

(4) Das. B.M.(1983), "A procedure for estimation of uplift capacity of rough piles", *Soils and Foundations*, Vol.23, No.3, pp.122-126.

(5) Das, B.M. Seeley. G.R. and Pleitle T.W.(1977), "Pullout resistance of rough rigid piles in granular soil", *Soils and Foundations*, Not 17, No.1-4, pp.72-77.

(6) Hong, W.P., Lee, J.H, and Lee. K.W.(2007), "Load transfer by soil arching in pile-supported embankments". *Soils and Foundations.*, Vol.47, No.5. pp.833-843

(7) Hong, W.P. and Chim, N.(2014), "Prediction of uplift capacity of a micropile embedded in soil", *KSCE Journal of Civil Engineering*, Published Online, August 20, 2014.

(8) Joseph, E.B.(1982), *Foundation Analysis and Design*, McGraw-Hill, Tokyo, Japan.

(9) Matsuo, M.(1968), "Study of uplift resistance of footing", *Soils and Foundations*, Vol.7, No.4, pp.18-48.

(10) Meyerhof, G.G.(1973), "Uplift resistance of inclined anchors and piles", *Proceeding of the 8th International Conference on Soil Mechanics and Foundation Engineering*, Vol.2, pp.167-172.

(11) Meyerhof, G.G. and Adams, J.(1968). "The Ultimate uplift capacity of foundation", *Canadian Geotechnical Journal*, Vol.5, No.4, pp.225-244.

(12) Shanker, K., Basudhar, P.K. and Patra. N.R(2007), "Uplift capacity of single pile predictions and performance, *Geotecnical Geological Enginecrung*, Vol.25, pp.151-161.

(13) Wayne, A.C. Mohamd, A.O. and Eltatih M.A.(1983), "Construction on expansive soils in Sudan", *Journal of Geotechnical Engineering*, ASCE, Vol.110, No.3, pp.359-374.

Chapter
08

팔금도~기좌도 간 연도교 가설공사 하부기초 보강공법

Chapter 08

팔금도~기좌도 간 연도교 가설공사 하부기초 보강공법

8.1 개요

8.1.1 개설

본 보고서는 이리지방국토관리청이 발주하고 ○○건설(주)이 turn key base로 수주하여 시공 중인 '팔금도~기좌도 간 연도교 가설공사'의 교각변위 발생에 따른 보강 대책을 강구하기 위한 연구 성과를 제안하기 위해 작성된 것으로써, 시공현황을 분석하고 변위 발생 원인을 진단하여 이를 토대로 변위가 발생한 P-8번 교각구조의 보강 대책을 구체적으로 제시하고 나머지 교각구조에 대한 대체적인 분석을 실시하여 개괄적인 의견을 서술하였다.[11]

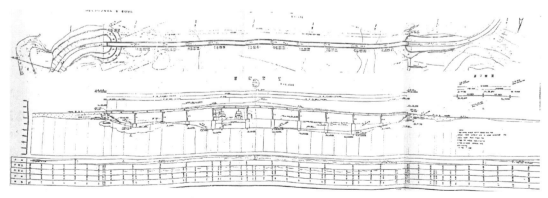

그림 8.1 현장 위치도(평면도 및 종단면도)

8.1.2 공사 현황

본 공사는 1986년 11월 18일에 발주하여 1989년 12월 31일 준공 예정으로 공사를 시행 중이며, 1989년 7월 현재 모든 교각과 교대 등 하부구조(교각 10기)와 상부 상판공사($L = 510$m)가 완료되어 가드레일 등 부대공사와 접속도로 일부만을 남겨 놓은 상태다(그림 8.1 참조).

본 교량의 하부구조는 거의 노출되어 있는 연암지반선에 약 1m 전후 굴착하여 precast reinforced concrete 우물통을 육상에서 제작하여, 현지에 운반 설치하였다. 우물통 속은 현장타설 콘크리트를 채웠으며 우물통 위에 구형의 교각을 설치하였다(그림 8.2 참조).

상부구조는 11 경간 연속 P.C 상형교로서, 연속 압출공법(I.L.M)을 채택하였다.

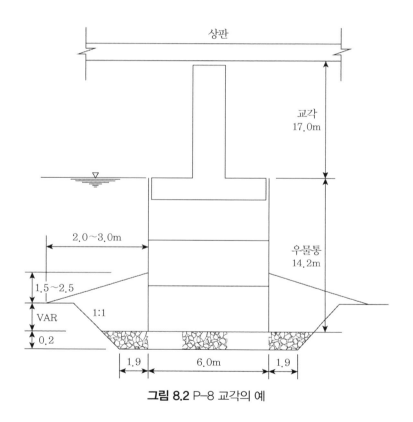

그림 8.2 P-8 교각의 예

8.1.3 추진경위

(1) 1989.03.15.: 8번 교각이 팔금도 방향으로 41cm 변위 발생

(2) 1989.04.: 8번 교각이 홍도 방향으로 32cm 변위 발생 발견(이때 팔금도 방향 변위 22cm)

(3) 1989.03.16.~03.26.: P-8 교각 및 P-9 교각에 대한 시추조사를 ○○건설(주)에서 삼수개발에 의뢰하여 13개공 실시

(4) 1989.05.16.: ○○건설(주)에서 보완대책을 다음과 같이 수립하여 이리청에 제출하면서 1, 2단계 작업 선행 실시

① 1단계: 케이블 당김에 의해 교각 변위 방지

② 2단계: 압출방향과 직각방향(홍도방향) 변위는 flat jack을 이용하여 원상복구

③ 3단계: 그라우팅 및 마이크로 파일을 이용하여 우물통과 지반의 접속부 및 지반지지력 보강

(5) 1989.05.27.~05.30.: 중앙설계심사(위) 기술심사관 외 4인의 현지조사 및 대책 협의(확인 정밀시추 및 변위요인 조사요구)

(6) 1989.06.16.~06.20.: 이리청 및 건설진흥공단 입회하에 특수건설이 P-8 교각에서 6개공 시추 실시

8.1.4 연구 방법

(1) 자료 검토

본 과제를 수행하기 위해 건설부 및 ○○건설(주)로부터 다음 자료를 수집·검토하였다.

1) 설계자료

① 설계도

② 종합보고서

③ 구조계산서

④ 토질조사보고서

2) 시공자료

① 팔기교 전경사진

② 우물통 시공 종·단면도

③ P-8 교각 작업일지

④ 현지조사 보고서(건설부 심사관실)

⑤ P-8 교각 시추 주상도(이리청)

⑥ 교각변위 원인분석 및 보강 대책 보고서(건설부 기술심사관실)

⑦ 기초보강 방안검토 보고서(이리지방국토관리청)

⑧ 교각변위 원인분석 및 보강 대책 보고서(○○건설(주)

⑨ P-8, P-9, P-10 지질조사 보고서(○○건설(주))

⑩ 보강안별 구조계산서(○○건설(주))

3) 관련 자료에 대한 질의 및 추가자료 1식

(2) 연구 방법 및 범위

1) 전체적인 공기를 감안하고, 문제의 P-8 교각에 대한 시추조사가 종료되며, 일부 그라우팅 과 P-8 교각 변위 복원 작업이 완료되었음을 감안하여 다음 사항만을 이리청 및 ○○건설 (주)에 추가조사를 의뢰하여 분석에 임하였다.[8,10]

① 우물통 기초 부위의 사석 및 우물통의 시공 현황

② 시추조사에 따른 채취 코어 확인

③ 우물통 이음부(각 lot별) 변위상태

④ P-8 교각의 변위도

⑤ 우물통 내 콘크리트 타설 순서와 재료분리 원인에 대한 시공자 의견 조회

⑥ ○○건설과 이리청이 실시한 시추조사 상의 상이점

⑦ 유속 측정자료

⑧ 각 교각별 우물통의 각 lot의 깊이 현황과 거치시기

⑨ 기초 굴착면의 고르기, 사석채움, 우물통 내 콘크리트 타설 시 바닥면의 청소 상태 등에 대한 의견

이상의 습득된 자료를 기초로 하여 상부공과 하부공으로 구분하여 변위 원인 분석과 대책 을 검토한다.

2) 연구 범위는 현재 변위가 발생한 P-8 교각을 중심으로 변위원인을 추정하고 대책 공법을 제안한다.

8.2 자료 분석 및 현황

8.2.1 설계조건

(1) 하부구조

1) 지층개황

① 원 설계 시에는 육상에 2개공, 해상에 3개공을 시추하여 추정 암반선에 의해 시공계획을 수립하였으며, 그 성과는 그림 8.1에 나타난 바와 같다. 그림 중 문제의 P-8 교각은 시추번호 B-4에 가까운 위치에 놓임으로써, 지층 판단에 어려움이 수반되었을 것으로 사료되는 지형이다. 삼수개발 및 이리청 시행 시추주상도와 비교하면 이를 확인할 수 있다(그림 8.3 및 8.4 참조).

그림 8.1에서 연암반이 제일 깊은 B-4 시추번호의 경우에는 EL(-)11.39m에서 기반암이 나타남을 알 수 있고, P-8 교각 조사 결과에 의하면 EL(-)9.2m 이후에서 연암이 나타나고 있다. 따라서 P-8 교각의 경우 원 설계 시에는 EL(-)12.0m까지 우물통을 설치하고자 하였으나 실제는 EL(-)9.2m 전후에 놓여 있는 실정이다.

② 기반암을 이루는 연암반이 곳에 따라 노출상태에 있거나 P-8 교각 인근처럼 풍화대 밑에 놓여 있으나 풍화대가 얇은 층으로서, 연암층을 지지층으로 선정함은 타당하게 사료되나 조사 결과에 의하면 균열과 절리가 발달하였고 수중임을 감안하여 세굴의 염려가 되는 곳이다.

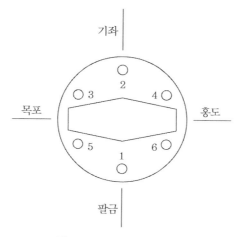

그림 8.3 P-8 교각 시추위치도

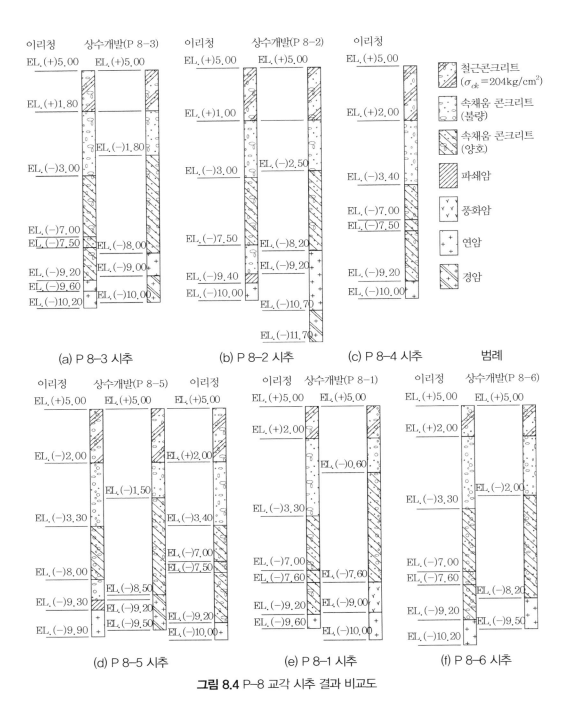

(a) P 8-3 시추   (b) P 8-2 시추   (c) P 8-4 시추   범례

(d) P 8-5 시추   (e) P 8-1 시추   (f) P 8-6 시추

그림 8.4 P-8 교각 시추 결과 비교도

2) 지지력 산정

설계상에 연암반의 허용지지력을 215t/m²로 가정하여, 지지력에 대한 안전검토를 시행하고

있는바, 이는 과다하다고 사료되며 본 공사·구간의 경우에는 코어 회수율이 불량하고 균열 및 절리가 발달한 점을 감안하면 허용지지력을 재검토해야 할 것으로 사료된다.

따라서 P-8 교각의 경우 지지력 부족에 대한 보강이 예상되는 지형이다.

3) 각종 작용 하중

P-8 교각에 작용하는 하중의 경우에는 상·하부의 사하중과 풍하중, 파압, 유수압 등을 시방서 조건에 맞추어 비교·검토하여 가장 불리한 하중조합 여건을 선택하여 안전검토에 임하였다.

4) 우물통 구조

본 공사의 하부구조는 기반암에 직접 얹어 놓고 있으며, 완전히 수중에 놓이므로 우물통을 이용하는 직접기초의 형태를 갖추고 있다(그림 8.5 참조).

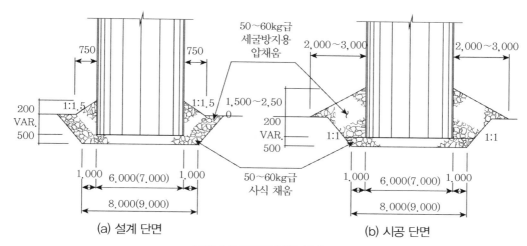

그림 8.5 우물통 부위 상세도

우물통 구조는 철근콘크리트로 두께 25cm, 외직경 6m, 높이는 3~6m로 육상에서 제작하여 바지선으로 운반·설치하며 내부에는 그림 8.6같이 무근콘크리트를 타설하고 있다.

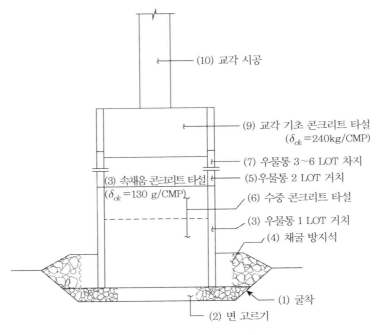

그림 8.6 교각 시공 순서

우물통의 구조상의 문제점은 다음과 같다.

① 우물통의 하부에 shoe가 연결되어 있지 않다.

② 우물통을 3lot로 연결하여 설치하고 각 lot를 연결하는 데 상당한 시간차가 존재하고 있으며, 내부에 무근수중콘크리트를 타설하므로 인하여 내부 콘크리트가 부실할 때 절단된 상태로 간주될 수 있다(그림 8.7(a) 및 (b) 참조).

③ 우물통이 수중에 완전히 잠겨 있고, 연암을 70cm 정도 굴착하여 10~20cm 정도 부설된 파쇄된 연암 잡석 위에 얹어 놓게 되어 있는바, 파쇄암편의 세굴과 위치 이동에 따라 우물통이 이동할 가능성이 있다.

④ 우물통 안전 계산에 있어 합력의 작용점이 middle third 안에 들어오지 않는다.

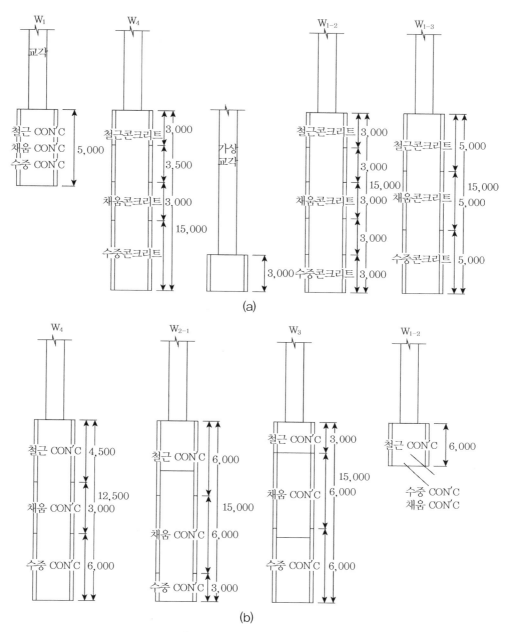

그림 8.7 팔기교 우물통 시공현황

(2) 상부구조

P.C 연속 상형교로서 가설공법은 연속압출공법을 사용하고, 교량상판은 콘크리트 마모층 5cm와 보도 및 난간으로 구성되어 있으며, 난간은 전 구간을 압출한 후에 시공한다.

또한 연속압출공법은 교대(ABI) 뒤에 설치된 제작장에서 추진코와 거푸집을 준비하여 1블록(평균 22.5m)씩 현장타설콘크리트를 타설하고 그 앞에 추진코를 붙여 상판과 저판의 강선을 긴장한 후에 압출시키는 공법이다. 추진코의 무게는 약 1.7t/m고, 보도와 난간을 제외한 본체의 무게는 16t/m며, 보도와 난간의 무게는 1.2t/m며 압축 시에 추진코의 중량과 본체만의 무게와 활하중인 작업하중 0.7t/m를 고려한다.

상부의 기하학적 조건 및 형식은 다음과 같다.

① 형식: 11경간 연속 P.C 박스거더(post-tens)
② 교장: 4@45m + 60m + 6@45m = 510m
③ 폭원: 8.2m
④ 활화중: DB-13.5, DL-13.5

8.2.2 변위

(1) 변위 발생 현황

그림 8.8 및 8.9에 나타낸 바와 같이 1989년 3월 14일 SEG 21을 압출 완료한 후 P-8 교각이 압출 반대방향으로 변위가 발생함을 확인한 이후 변위 발생현황을 나타내면 표 8.1과 같다. 표 8.1에 의하면, 1989년 3월 15일에 종방향으로 418mm의 변위가 발생한 후 1일 경과 후에는 약 90mm가 회복된 326mm로 변위가 감소하고 있으며, 변위 조정 작업 후 SEG 22를 압출한 후에는 시간이 경과해도 변위 발생 상태가 296mm로 불변임을 나타내주고 있다.

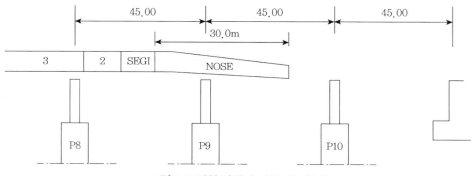

그림 8.8 변위 발생 순간의 상부형태

표 8.1 P–8 및 P–9 교각 변위량 현황

일자 \ 필터 No.	P-8 기울기(종)	P-8 기울기(횡)	P-9 기울기(종)	P-9 기울기(횡)	비고
1989.03.15.	418	-	132	-	21 SEG Launching 후 Launching 1일 경과
03.16.	326	-	132	-	
03.20.	326	-	132	-	
03.22.	326	-	132	-	
03.27.	326	-	132	-	
04.13.	326~296	-	132~121	-	Launching 전 종 방향 변위 조정 작업 (P=100t)
04.15.	296	-	121	-	22 seg Launching 후
04.16.	296	-	121	-	Launching 1일 경과
04.18.	296	-	121	-	
04.22.	291	-	121	-	
04.23.	291~225	-	121~90	-	종방향 변위 조정 작업(P=100t)
04.25.	225	320	106	-	23 SEG Launching 후
05.05.	225	320~115	106	-	P-8 횡방향 변위 조정 작업 시행
05.09.	225	115	106	-	
05.09.	225	115	106	-	
06.02.	225~169	115	106	-	P-8 종방향 변위 조정 작업(P=100t)
06.06.	169	115	106	-	23 SEG Launching(압출 완료)
07.25.	169~0	115~0	106	-	P-8 변위 조정 작업 시행
08.08.	-	-	106	-	현재

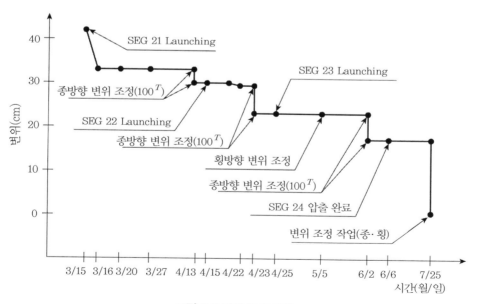

그림 8.9 변위 발생 현황

또한 1989년 4월 23일 2차 변위 조정 작업 후 SEG 23을 압출한 후 변위는 종방향 기울기는 변동이 없으나 횡방향 변위가 발생하고 있다. 변위 조정 작업 실시 이후에는 변동이 없으며, SEG 24를 압출한 후에도 변동이 없음을 나타내고 있다.

(2) 변위 발생 원인의 추정

변위 발생 원인을 정성적으로 및 정량적으로 확실히 규명하기는 매우 어려운 일이다. 따라서 우선 변위를 유발시킬 수 있는 요인을 전반적으로 점검한 후 이들이 실제 발생한 변위와의 연관성을 살펴보고자 한다.

지반 조건이나 구조 및 시공상 P-8 교각에 변위를 유발시킬 요인은 다음과 같이 예상할 수 있다.

① 압출에 따른 수평력의 영향
② 우물통 연결 부위의 변위
③ 기초 굴착면(터파기, 발파 등)과 사석 바닥 고르기 등의 불균등
④ 연암선의 경사도
⑤ 기초 잡석의 세굴 등에 의한 우물통의 이동
⑥ 지반지지력 부족(설계상 연암에서 $9a = 215t/m^3$으로 가정)
⑦ 기타

이상의 유발 요인들에 대하여 검토하면 다음과 같다.

① 압출에 따른 수평력의 영향

본 공사에서 압출 시 작용되는 수평력은 40t에 달한다. 압출력에 따른 변위는 압출 진행 방향으로 변위가 발생해야 하는데, 본 공사에서는 압출 진행방향과 반대방향으로 변위가 발생하고 있다. 그러나 기술심사관실 회의 자료에 의하면 P-8 교각이 압출 시에는 P-9 교각쪽(진행방향)으로 기울었다가 결과적으로 P-7 교각쪽으로 종방향 변위가 발생하고 있음을 토의하고 있다.

실제로 압출 시에는 종단구배가 4.5~6.5%인 상당한 경사를 감안하면 설계 시 예상했던 압출력 이상이 작용할 수 있다고 사료된다. 따라서 압출력이 종방향 변위에 영향을 미친다고 예상

해야 한다. 그러나 변위 관련 표 8.1에 의하면 seg 21을 압출할 때 종방향 변위가 반대방향으로 나타났고 seg 22를 압출할 때는 횡방향 변위만을 유발하고 있다.

압출력에만 의한 변위는 예상하기 곤란하나 압출력과 현장에서 다른 여건이 조합으로 작용할 때 변위를 유발시킬 요인으로는 충분히 인정된다.

② 우물통 연결 부위의 변위

우물통 연결 부위는 그림 8.10과 같이 연결되어 있다. 이에 의하면 우물통 상호 간이 불연속으로 얹어진 상태고, 내측벽에 강판으로 이들의 수평 움직임을 구속하고 있다.

그러나 수평력이 막대하고 내부에 채움콘크리트가 부실한 경우 위험한 단면이 될 수 있다. 실제로 이리청에서 실시한 시추 시 반응을 검토하면, 시추 시 천공수가 완전히 누수되는 현상임을 나타내고 있다. 원래 건조상태에서 타설키로 하였던 채움콘크리트가 일부 수중콘크리트로 타설된 점을 감안하면 일부 채움콘크리트의 재료 분리 상태를 예상할 수 있다.

따라서 이를 우려하여 우물통 연결부의 변위를 조사하게 한 바, 이상이 없음을 현장에서 보고 받았으며, 일단 우물통 연결 부위의 변위는 제외하기로 했다.

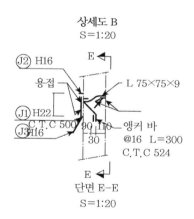

그림 8.10 우물통 연결부위 상세도

③ 기초 굴착면(터파기, 발파 등)과 사석 바닥 고르기 및 세굴

P-8 교각 부위의 기초 굴착면의 지반고는 현지 기록을 참조하여 나타내면 그림 8.11과 같다. 이를 살펴보면 최고 15cm 정도의 기초 굴착깊이가 차이가 있음을 알 수 있다. 현지 해수의 탁도

가 심하여 시계가 극히 흐린 점을 감안하면 굴착깊이가 달라지는 것이나, 사석 바닥 고르기가 충분치 못할 것이 예상된다. 또한 조류에 의한 유속으로 기초 굴착 발파암을 바로 기초 부설 잡석으로 전용하였으므로 우물통 거치 전에 유실이 예상되며, 파쇄 연암을 입도 구분 없이 기초 잡석으로 유용한 상태이므로 상부에 큰 하중이 놓였을 때 변위가 발생할 가능성이 충분히 있다.

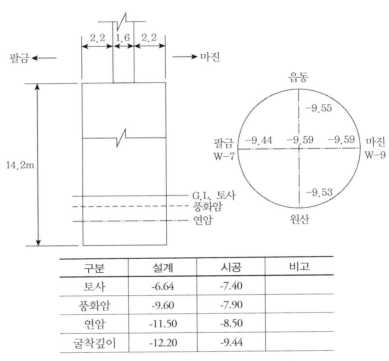

구분	설계	시공	비고
토사	-6.64	-7.40	
풍화암	-9.60	-7.90	
연암	-11.50	-8.50	
굴착깊이	-12.20	-9.44	

그림 8.11 우물통 W–8 기초 터파기 현황

④ 연암선의 경사도

기반암선의 경사도에 의하여 기초가 미끄러질 가능성을 판단하기 위해 현지 시추 성과를 살펴보면, 그림 8.4에 나타난 바와 같이 이리청 시추 자료를 기준하면 거의 기반암석의 변화가 없음을 나타내고 있다.

⑤ 지반지지력

P-8 교각의 경우 소요 지반지지력이 $160t/m^2$ 이상을 요구하고 있다. 본 공사 설계에 의하면 NAVFAC 자료에서 신선한 경암에 준하는 $215t/m^2$를 허용지지력으로 정의하고 있는바,[1] 이는

과다하게 산출하였다고 사료된다. NAVFAC 자료에 의하는 경우 연암에 준해야 할 것이며, 정역학적인 지지력 공식에 의하는 경우 근입깊이를 인정하기 어렵다. 암반인 경우 점착력을 무시하고 내부마찰각을 40도 이상으로 평가하더라도 소요허용지지력을 얻기 어렵다. 또한 '도로교 표준 시방서'[9] 및 기타 일본 자료[2,3,7] 등을 참조할 때 본 공사에서 연암 기준 허용지지력의 경우 $100 \sim 150t/m^2$으로 고려함이 타당하다.

이상의 분석을 토대로 본 공사의 변위 원인을 추정하면 다음과 같이 예상할 수 있다.

가. 탁도가 크고 수심이 깊은 곳에서 실시한 기초 터파기와 사석 고르기의 예상되는 불균등성 및 유속에 의해 유실된 토사 입자 등에 의한 하중 집중으로 연직변위의 발생

나. ①항의 사유에 압출 시의 수평력과 복원력에 따른 힘의 불균형 등으로 인한 변위

다. 기반암의 지지력 산정의 과대 계산에 따른 기초폭의 부족으로 인한 과대한 전도모멘트의 영향

8.3 기존 하부기초의 안전성

8.3.1 하중조건

시공 후 P-8 교각에 작용하는 하중을 계산한 결과를 정리하면 표 8.2 및 그림 8.12와 같다.[11] 연직하중 계산 시의 교각부와 우물통부의 자중은 실제 시공단면을 기준으로 하여 산출하였으며, 수평하중 계산 시에도 교각부와 우물통부의 실제 시공길이를 고려하였다. 파력 계산 시의 유속은 1989년 6월 10일과 11일 양일에 걸쳐 현장에서 수심별로 측정한 결과(○○건설(주) 1989년 8월 8일 제공자료 참조) 중 6월 11일 10시에서 11시 09분 사이의 밀물 시 P-8 교각 부근 측정 유속 중 최대치를 채택하였다.

이 결과치를 초기 설계 시 P-6 교각을 기준으로 하여 설정된 설계치와 비교해보면 다소의 차이가 보인다. 즉, 연직하중에 대해서는 상부하중이 증가된 반면 하부 기초 부분의 자중은 많이 감소되었다. 수평하중에 대해서는 조류력과 선박 충돌 하중이 증가된 반면 하부 기초 부분에 작용하는 파력과 풍하중은 감소되었다.

표 8.2 연직하중과 수평하중의 계산치와 설계치[11]

연직하중	계산치	설계치	수평하중	계산치	설계치
상부하중			조류력	8.3	6.3
사하중	782	772	파력		
활하중	162	142	교각부	2.4	3.5
교각부자중	309	400	우물통부	62.0	84.1
우물통부자중	546	578	풍하중		
			상부	46	46
			교각부	8.3	10.8
			선박충돌하중	80	67

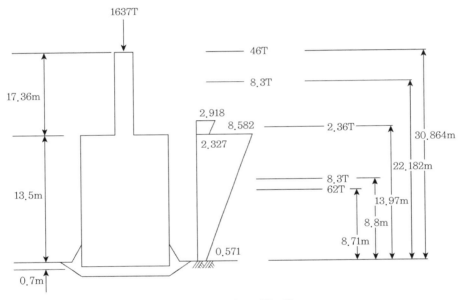

그림 8.12 하중 작용도[11]

8.3.2 연암의 허용지지력

본 교량의 설계 시 P-8 교각 위치의 기반암의 허용지지력을 $20t/ft^2 (=200t/m^2)$으로 추정하였다.[11] 그러나 제공된 P-8 교각 위치에서의 지반시추 결과(이리청 실시 조사)에 의하면 본 위치에서의 기반암은 연암으로 제시되어 있다.

지반 시추 주상도상에 RQD 값이 표시되어 있지 않아 암질을 정확히 판단하기는 어려우나 보관된 암시편 상태로 추정하면 RQD는 불량한 것으로 생각된다. 따라서 중 정도의 경도를 가지는 신건한 암에 적용되는 허용지지력보다는 연암에 적용되는 허용지지력 $10t/ft^2(\fallingdotseq 100t/m^2)$를 적용하는 것이 안정측이 될 것으로 추정된다. 그러나 이 연암지반 속에 존재하는 균열이나 시공 중에 발생한 취약성은 그라우팅에 의하여 보강될 수 있다. 즉, 그라우팅의 시공 정도에 따라서는 허용지지력을 $150t/m^2$ 이상까지도 기대할 수 있다. 따라서 본 연구에서는 P-8 교각 기초 연암의 허용지지력을 $100 \sim 150t/m^2$로 보기로 한다.

8.3.3 안정 검토

(1) 설계지침

본 교각은 연암에 0.7m 근입 시($D/B \leq 1$) 우물통 거푸집을 이용하여 설치된 하부구조를 가지고 있어 이는 직접기초의 형태로 취급된다.

건설부 제정 도로교 하부구조 설계지침(II) 제1편 직접기초설계 제4장 안정계산의 각 규정[9]을 열거해보면 다음과 같다.

4.1조 지지력에 대한 안정

직접기초는 각종 하중상태에 대하여 기초저면의 연직 작용력이 기초에 대한 지반의 허용지지력보다 작도록 그 치수와 근입깊이를 결정하여야 한다(이하 생략).

4.3조 활동에 대한 안정

직접기초는 활동에 대해서 1.5 이상의 안전율을 갖도록 하여야 한다.

4.4조 전도에 대한 안정

기초저면에서의 하중의 작용위치는 기초외 연단에서 재어서 저면폭 1/3보다 내측에 있어야 한다.

(2) 검토 결과

교각에 작용하는 사하중, 풍하중, 파력 및 조류력의 하중조합의 합이 안정에 가장 불리하게 판단되었으므로 이에 대한 안정상태를 도로교 하부구조설계지침(II) 제1편 제4장 규정[9]에 의거 검토해본다.

그림 8.12의 하중조건에 대한 우물통 저면의 안정을 검토하면 참고문헌[11]의 부록(I)과 같다.

여기서 원형 우물통을 등가사각형으로 환산 계산하였다.

우선 전도에 대해서는 설계 지침의 전도에 대한 안정규정에 의하면 기초저면에서의 작용 위치를 기초 외측 연단에서 재어서 저면폭의 1/3보다 내측에 있도록 제한되어 있다.

P-8 교각 기초저면 외측 연단에서 작용 하중에 의한 저항모멘트와 전도모멘트를 계산하여 편심거리를 계산해보면, 중심축에서 저면폭의 1/3보다 외측에 작용하게 되어 전도에 대한 안정은 확보되지 않고 있다.

활동에 대해서는 설계지침의 활동에 대한 안정 규정에서 1.5 이상의 안전율을 갖도록 규정하고 있다.[9] 그러므로 P-8 교각 기초저면의 활동에 대한 안전율은 충분한 여유를 확보하고 있다고 판단된다. 마지막으로 연직지지에 대한 안정을 검토하기 위하여 접지압 분포를 구해본다. 앞에서 전도에 대한 검토에서 편심이 발생하였음이 밝혀져 있어 이 경우의 지압 분포를 구하면 그림 8.13과 같다.

외측 연단부에 최대 접지압이 $159t/m^2$가 작용하게 된다. 기반암의 허용지지력이 앞에서 검토한 바와 같이 $100t/m^2$로 하면 25% 할증에 의하여 $125t/m^2$이므로 불안정한 상태로 판단된다.

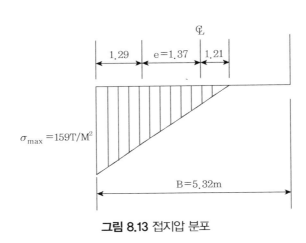

그림 8.13 접지압 분포

이상에서 검토한 바와 같이 본 교각은 전도와 지지력에 대하여 불안정한 것으로 판단되므로 보강 대책이 필요한 것으로 생각된다.

8.3.4 기존 보강방안 검토

(1) 고압 그라우팅 마이크로파일

이 안은 그림 8.14에 도시된 바와 같이 마이크로파일을 우물통 내부 6개소에 연암 아래 3m 혹은 6m 깊이까지 설치하고 고압 그라우팅을 실시하는 안이다(○○건설(주) 제공 시추번호 B-6 및 B-7 자료 참조). 이 경우 마이크로파일 개요도는 그림 8.15와 같다.[6] 즉, 200mm 천공 속에 API 5LX-X42 고압 송유관용 마이크로파일과 D32 철근 4개를 넣고 나머지 공간을 시멘트 그라우팅으로 고결시키는 공법이다.

본 계산에서 마이크로파일의 그라우팅 피복은 30mm로 되어 있으나 여러 가지 시공상의 문제 등을 감안하여 20mm 피복만 유효하게 취급한다. 연암 속 마이크로파일의 주면마찰력은 압축의 경우 $25.5t/m^2$로 되어 있으나 인발의 경우는 DIN 4128 규정[4]에서 1/2로 감하여 사용하고 있는 점과 기타 참고문헌을 참조하여 $12t/m^2$로 하였다. 말뚝의 매설깊이는 3m와 6m 두 가지 안이 제시되어 있으나 6m를 채택하여 검토하였다.

우선 P-8 교각 기초저면 외측 연단에서의 전도에 대한 안정을 검토해본다. 이 경우 말뚝은 인발저항력에 의하여 전도에 저항하는 것으로 생각한다. 검토 결과 하중의 작용 위치가 middle third 내에 존재하지 않음을 알 수 있다. 따라서 전도에 대하여 불안하다.

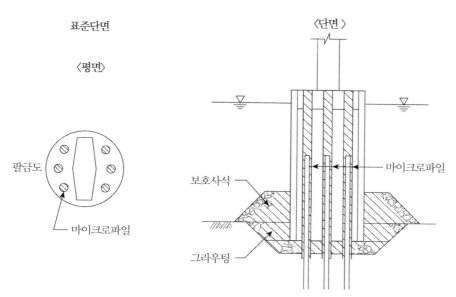

그림 8.14 고압 그라우팅 및 마이크로파일안

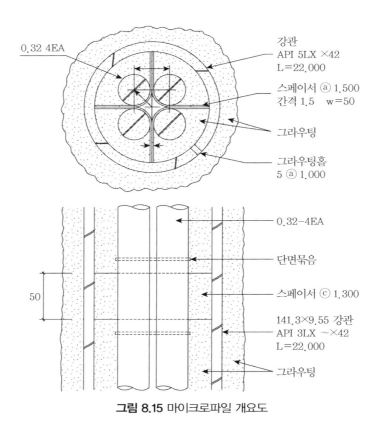

그림 8.15 마이크로파일 개요도

한편 접지압에 대한 검토에서는 역시 편압이 작용하고 있으나 최대접지압은 그라우팅 효과를 고려한 연암의 허용지지력보다 안정으로 판단된다. 또한 말뚝의 압축저항도 작용할 것이 예상되므로 말뚝의 저항력을 고려한다면 지지력에 대해서는 충분한 안전이 확보될 수 있다고 생각한다(참고문헌⁽ⁱⁱ⁾의 부록 II 참조). 결론적으로 이 공법을 사용할 경우는 말뚝의 길이를 증가시키거나 혹은 다른 대책을 추가해야 할 필요가 있다.

(2) 우물통 확대 방안

이 안은 그림 8.16에서 보는 바와 같이 우물통의 단면을 현재 6m에서 10m까지 확폭하여 보강하는 방안이다. 이 안에 대한 안정검토는 참고문헌⁽ⁱⁱ⁾의 부록(III)과 같다. 즉, 우물통의 단면을 10m로 확폭하므로 인하여 제반 하중조건이 변하므로 이를 계산하여 안정계산을 실시하였다. 확폭된 부분이 원래의 우물통 부분과 완전히 결합되어 일체로서 거동을 할 수 있다고 가정하면, 우물통 외측 연단에 대한 전도에 대해서도 안전하게 판단되고 활동 및 기반암의 지지에 대해서도 안전하게 판단된다. 이 공법으로 시공을 실시할 경우 확폭부 기초 부분의 바닥면처리 시공이 대단히 어려울 것이고, 경우에 따라서는 이미 완성된 부분의 안정에 큰 영향을 미칠 위험이 많다.

콘크리트 타설공사를 위한 거푸집 설치 작업도 이 지역의 유속이 최대 1.55m/sec인 점을 감안하면 그다지 용이하지는 않을 것이다. 공사를 위한 중장비를 상부에 가져올 경우 가중되는 하중의 담당능력을 검토하여야 한다.

이상에 열거한 모든 점을 극복하는 시공을 실시하고자 할 경우 비용이 많이 들 것으로 예상된다. 또한 본 공법에 의하여 확폭이 실시되었다 하여도 시공 이음부의 응력전달 여부에는 여전히 의문이 남아 있다.

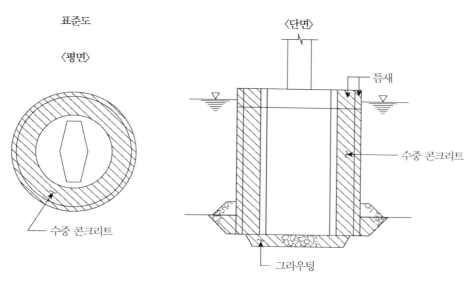

그림 8.16 우물통 확대안

8.4 보강공법

8.4.1 기본 보강 사항

P-8 교각의 설계 및 시공에 관하여 앞에서 검토한 바와 같이 본 교각의 안정성은 불안정한 상태로 판명되었으므로 적절한 보강 대책이 요구된다. 이러한 보강 대책은 기본적으로 다음과 같은 세 가지 측면에서 마련 실시되어야 한다.

(1) 시공상 문제점에 대한 보강

제8.2절에서 검토된 바와 같이 우물통 내부 콘크리트에 재료 분리로 인한 강도 저하가 발생하였고, 우물통 저면의 바닥고르기 시공상태가 부실하므로 이에 대한 대책이 마련되어야 한다.

또한 우물통부의 각 케이슨 간의 연결 상태가 매우 불안정하여 이에 대한 대책도 요구된다. 그 밖에도 기초 기반암인 연암에 균열과 절리에 대한 보강도 실시되어야 한다.

(2) 전도에 대한 보강

제8.3절에서 검토한 바와 같이 본 교각은 전도에 대하여 불안정하므로 하중의 작용 위치가 우물통 기초저면의 middle third 이내가 되도록 대책을 마련하여야 한다.

(3) 지지력 보강

제8.3절에서 검토된 바와 같이 본 교각의 전도에 대한 편심이 middle third 영역을 벗어나고 있고 이에 대한 편접지압이 연암의 허용지지력을 넘고 있으므로 이에 대한 대책이 마련되어야 한다.

8.4.2 대책안의 구상

앞 절에서 제시된 제반사항을 보강하기 위하여 대책안으로는 그라우팅과 마이크로파일 및 기초 보강 사석 단면을 그림 8.17과 같이 구상하였다.

그라우팅의 경우에는 이미 응급처치를 위해 현장 시공이 일부 시행된 실적이 있으며 비교적 손쉽게 보강할 수 있는 방안이다. 그러나 수중이면서 거의 개방된 단면에 주입하므로 완벽한 효과를 기대하기는 어려운 실정이다. 따라서 그라우팅 공사를 시행하기 전에 다음과 같은 충분한 사전조치가 필요하다.

그라우팅으로 기대효과는 우물통 내부의 콘크리트의 부실보완과 저부에 놓인 기초잡석을 고결시키고 연암층 내의 균열과 절리를 보강할 수 있다. 마이크로파일의 경우 부족한 기초 지지력을 보강하고 인발에 대한 저항력으로 우물통의 전도에 대한 안정에 기여할 것으로 사료되며, 대책안으로 API 5LX-X42 고압 송유관으로 연암 속 6m까지 마이크로파일을 6본 설치하는 것으로 하였다(그림 8.14 참조).

기초 보강공사의 경우 지지력 보강은 마이크로파일이나 그라우팅으로 전담된다 하더라도 전도에 대한 불안정을 해결하기 위하여 채택하였다.

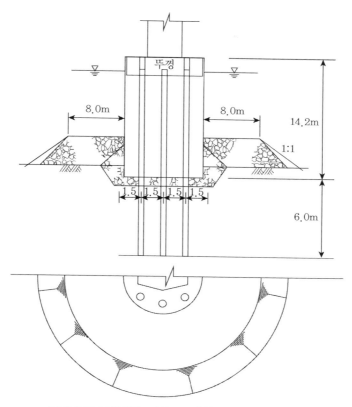

그림 8.17 그라우팅, 마이크로파일 및 기초 사석 보강

우물통의 합력의 작용점을 중앙 3분점 내에 들게 하고 수중에서 사석제가 그림 8.18에서 보는 바와 같이 수동토압에 충분히 견딜 수 있는 영역으로 높이 5m, 폭 8m 및 경사 1:1.0～1:1.5 구배의 사석보강제를 선정한다. 사석보강제의 경우 비교적 시공이 용이하고 부등침하에도 잘 적응하며 유수압에 대해서도 유리하므로 적절한 공법이 될 수 있을 것이다.

상기 대책 공법 시행상의 유의사항을 열거하면 다음과 같다.

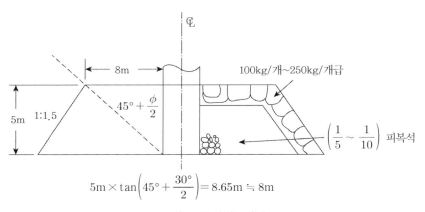

$$5\text{m} \times \tan\left(45° + \frac{30°}{2}\right) = 8.65\text{m} \fallingdotseq 8\text{m}$$

그림 8.18 사석보강제

(1) 그라우팅 시행상 유의사항

P-8 교각의 변위가 발생하자 응급조치로서 교각을 원위치로 회복시키면 기초 부위에 그라우팅을 실시하며 안정상태를 유지하도록 하였다. 따라서 그라우팅 자체로 교각 안전을 보강하기 위한 대책으로서 유용한 하나의 방법으로 사료되나 반무한 개방단면에 주입시키므로 그 품질을 확인하기가 매우 곤란하다. 따라서 본 검토에서는 그라우팅으로 교각의 다음과 같은 약점을 보완하고자 제안하였다.

가. 우물통과 기반암 사이의 접합부에 놓인 파쇄암의 안정을 도모한다.

나. 우물통 내부에 충진한 무근콘크리트의 강도를 강화시킨다.

다. 기반암이 절리가 발달한 연암층으로 확인됨에 따라 지지력 증대를 시도한다.

이상의 성과를 확보하기 위하여 그라우팅 시행상 유의해야 할 점을 제시하면 다음과 같다.

그라우팅 공사를 시행하기 전에 우선 정밀 지질조사와 투수시험을 실시하여 정확한 주입 대상 구간을 구분하고 투수시험에 의한 루진(lugeon) 값을 계산하여 주입제의 양과 재료 선택을 결정해야 하며 다음 사항을 유의하여 실시한다.

① 천공

가. 각공당 경암반을 2.0m 굴진하여야 하며 공벽 붕괴가 발생하지 않도록 해야 한다.

나. 천공 구경은 BX 크기로 한다.

다. 천공에 따른 연·경암 시료를 채취하여 압축시험을 실시하여 경·연도를 파악하여 분석자료를 보완할 수 있도록 한다.

라. 천공 완료 후에는 공내 슬라임을 깨끗한 물로 청소하여 그라우트 효과를 높여야 한다.

② 주입

암반부의 절리나 균열부에 주입하는 경우에는 절리면을 따라 주입제를 침투시키면 되므로 한계압력보다 주입압력을 상승시켜도 무방하나 우물통 내부 무근콘크리트 부분은 한계압력으로 주입해야 한다.

주입압의 예로 일본 국유철도국의 지침[2,3,7]에 의하면 간극수압의 3~5배를 사용하도록 제안하고 있다.

③ 주입재 선택

시멘트에 팽창제나 무수축제를 혼합 사용하는 것이 타당할 것으로 보이나 해수 중이므로 주입제가 충진되지 않을 경우 재료분리 방지제를 첨가해야 한다.

④ 검사공

그라우팅 공사가 완료된 후 검사공을 천공하여 투수시험에 의한 그라우팅 공사의 완벽 유무를 조사해야 하며 이때 투수계수는 10^{-5}cm/sec 이하로 불투수층을 나타내야 한다.

⑤ 주입 범위

투수시험에 의해 주입 대상 구간을 확인하여 실시해야 하며 최소한 우물통 밑의 전단면적을 보강할 수 있어야 한다.

이상의 성과를 완수하기 위하여 현장 시공에 경험이 풍부하고 전문 기술사를 보유한 업체가 선정되어야 하며 각종 공사 시행 기록을 정밀하고 자세히 작성·보관해야 한다.

(2) 고압 그라우팅 및 마이크로파일의 시행상의 유의사항

마이크로파일은 그림 3.4에 도시된 바와 같은 API 5LX-X42 고압 송유관을 사용한다. 즉, 그림 8.14의 우물통상부 단면도에 도시된 바와 같이 교각의 양옆에 3개씩 도합 6개를 1.5m 간격 (교축직각 방향)으로 배치하며 마이크로파일의 길이는 우물통 상부의 캡으로부터 우물통 저면 연암층 6m 깊이까지 설치한다.

먼저 그림 8.14와 같이 정하여진 위치에 직경 200mm 천공을 실시한 후 직경 141mm 마이크로파일과 D32 철근 4개를 천공된 구멍에 삽입한다. 마이크로파일을 삽입한 후 상부에 뚜껑을 설치한다. 그 다음으로 천공구 내 마이크로파일 외측과 내측의 공간에 급결제 그라우팅을 실시한다. 그런 후 고압 그라우팅을 실시한다. 그라우팅 실시 시에는 마이크로파일의 중간에 패커를 설치하여 고압 그라우팅을 실시하면 더욱 효과적이다.

(3) 사석보강공법 시행상의 유의사항

본 공사에서 채택한 사석보강공은 우물통이 갖는 구조적인 문제점 중 수평력에 의해 유발되는 전도에 대한 저항을 증대시키고자 함이다. 따라서 다음과 같은 사항을 유의하여 충분한 시공성이 확보되도록 하여야 한다.

① 사석제 크기의 결정

사석제의 높이는 사석제가 토압으로써 우물통의 수평변위에 저항하여 전도모멘트에 충분히 안정되고, 합력의 작용점이 중앙 3분점 내에 포함되도록 시산을 통하여 결정하였다. 사석제의 폭은 수동토압이 작용하는 경우 최소한 파괴사면 정도를 확보함이 필요하다고 판단되어 그림과 같이 결정하였다.

또 사석재는 본 교량이 해상에 위치하고 조류 및 바람의 방향이 임의의 방향에서 진입하는 경우에도 견딜 수 있도록 원형으로 정하였다.

② 사석제의 구성

본 공법에서 사석의 크기는 사석제가 수중에 영구히 존치해야 하는 특수성을 감안하여 Hudson 공식이나 미국해안 침식국 실험식(BEB)에 의해 1개의 소요 중량을 검토했으나(참고문헌[11]의 부록 V 참조) 1개의 소요 중량이 20kg 이하에 불과하였다.

그러나 본 구조물은 수심이 깊고, 탁도가 심하며, 유속은 빠르지 않으나 태풍 등에 대비하고 영구 구조물인 점을 고려하여 피복석과 채움재를 구분하여 피복석의 경우에는 직경 $D \geq 50\text{cm}$ 이상 100kg/개~250kg/개 급을 부설해야 할 것으로 판단했으며 채움사석을 $(1/5 \sim 1/10) \times$피복석 급을 계획하였다.

③ 사석제의 시공

본 공사에서는 사석제가 충분히 밀실하게 시공되어 우물통과 접하는 부위에서 확실히 수동 토압이 전달되도록 정밀한 시공이 요구된다. 따라서 현지에서 조류 속과 수심을 충분히 감안하여 시공해야 한다. 사석제의 축조는 바닥에서부터 점고식으로 채움사석을 축조해 올라와야 하며 비탈면의 끝과 상단의 위치 부분에 수면에 부위를 띄워 투하 시 정밀도를 육안으로 확인하며 시공해야 하며 잠수부를 투입하여 수시로 시공현황을 점검하며 축조해야 한다.

피복석의 경우 수중이고 탁도가 심한 점을 감안하여 시공에 유의해야 하며 소정의 설계단면의 형성이 부실하다고 판단될 때는 설계단면보다 여유 있게 사석 보강제를 축조하도록 해야 한다. 또 사석과 우물통 벽면의 접촉면을 증대시키기 위하여 토목섬유를 덧씌워 사석부 내부를 저압 콘크리트 그라우트로 채워야 하며 이때 시멘트는 내황산성 시멘트와 조강제를 사용해야 한다.

8.4.3 보강 후의 안정검토

앞에서 제안된 대책 공법이 실시되었을 경우에 P-8교각을 안정을 검토해보면 참고문헌[11]의 부록 V와 같다. 외부의 하중조건은 그림 8.17과 동일하게 생각된다. 본 계산에 채택된 중요 사항은 다음과 같이 정하였다.

(1) 기반암의 허용지지력은 그라우팅의 효과를 고려하여 50t/m^3로 한다.

(2) 마이크로파일의 유효 피복두께는 20mm로 하며 연암속의 단위 면적당 압축저항력은 25.5t/m^3로 하고 인발저항력은 12t/m^2로 한다(대한토목학회, IEEE 규정[5]).

(3) 마이크로파일의 인발 및 압축저항의 안전율은 2로 한다(DIN 4128 규정[4]).

(4) 우물통 저부 사석 설치에 의하여 우물통에 작용되는 토압은 우물통 이동을 받는 위치에서는 수동토압으로 반대편에서는 주동토압이 작용하도록 한다.

(5) 사석의 내부마찰각은 35°로 한다.

마이크로파일의 인발저항력과 사석의 토압저항 효과를 고려하여 우물통 외측연단에서의 전도 안전성을 검토한 결과 하중의 작용 위치가 middle third 내에 존재하게 되어 전도에 대하여 안전성을 가지고 있음을 알 수 있다.

한편 기초저면부의 접지압을 구해보면 기반암의 허용지지력보다 적게 발생하고 있어 지지력에 대해서도 안전함을 알 수 있다. 마이크로파일과 연암이 담당할 수 있는 허용지지력을 계산해 보아도 지지력에 대해서는 충분한 안정을 가지고 있음을 알 수 있다. 활동에 대하여서는 보강 이전에도 안전하였으므로 보강 후도 물론 안전하리라 판단된다.

또한 우물통 바닥의 연암 위치에서 상부로 3m 되는 위치의 우물통 내부 단면의 응력을 검토한 결과, 압축부의 압축응력은 콘크리트의 허용압축응력($\sigma_{ca} = 0.4\sigma_{ck} = 0.4 \times 130 = 52\,\mathrm{kg/cm^2}$) 이내로 발생하고 있고 인장부의 인장응력은 두 개의 마이크로파일로 충분히 담당할 수 있음을 알 수 있다. 우물통과 연암면 사이의 우물통 내부 단면의 응력은 기초 사석보강으로 지지될 것으로 예상한다.

이상과 같은 검토로부터 본 대책 공법에 의하여 P-8 교각의 불안정성은 보강이 될 수 있다고 생각한다.

8.4.4 기타 교각에 대한 개략적 검토

본 교량은 11 경간연속 PC보로 구성되어 있으므로 한 교각에서 변위가 발생하는 경우에는 인근 구조에 영향을 미칠 수가 있다. 그러나 P-8 교각을 제외하고는 현재 상태에서 여하한 변위도 관측되고 있지 않다. 따라서 기타 교각에 대한 상세한 검토는 불필요하다고 판단되기는 하나, 지역 특성 및 구조가 P-8 교각과 유사하고 예측하지 못한 사유로 금후에 변위가 발생할 가능성이 있는 경우에는 본 교량공사를 지휘감독 하여온 이리지방국토관리청의 시공현황 및 지역여건에 대한 판단에 의거하여 적절한 대책을 마련하여야 한다. 이 경우 대책 공법으로는 P-8 교각에 대하여 제안된 대책 공법이 적절히 활용될 수 있다.

또한 본 구조물이 연속체임을 감안하고 예상 설계하중이 아직까지 완전히 재하되지 못한 점을 감안하여 금후의 교량에 발생할지도 모를 제반 변위를 상당기간 동안 지속적으로 관측할 필요가 있다. 이러한 관측에 의하여 이상이 발생할 경우에는 전문가의 분석을 통하여 즉시 대응해야 할 것이다.

8.5 결론 및 건의

본 연도교는 다도해 지역의 도서개발 계획의 일환으로서 도서주민의 생활환경 향상과 국토 전 지역의 균형 발전을 위한 사업으로서 팔금도와 기좌도를 연결하는 해상교량이다.

본 교량은 3등급 2차선 도로교로서 섬 사이의 수심이 DL(-)9.0～10.0m인 해상에 만조 면상 20m 이상 높게 가설되는 연장 510m(4@45m + 60m + 6@45m)의 교량이다.

본 교량의 하부구조는 우물통 직접기초 위에 벽체식 교각으로 설계 시공되고 상부구조는 11 경간 연속 P.C 상자형으로 압출식 가설공법으로 계획·추진되었다.

본 연도교 사업은 해상공사라는 열악한 시공 환경에도 불구하고 설계시공 일괄 입찰 방식으로 추진되어 입찰금액(공사비)의 최소화를 위해서 구조 안정성 측면에서 볼 때 하부구조가 너무 여유가 없는 감이 있다.

하부공사가 완료되고 상부공 압출시공 중 P-8번 교각에 예상치 못한 변위가 발생하여 이에 대한 원인 분석과 보강 대책을 수립하기 위해서 제출된 설계 및 시공자료를 토대로 하여 변위 발생 원인을 추정한 결과, 하부구조의 지반지지력과 전도에 대한 안정도에 무리가 있음을 판단 하였다. 이를 보완하기 위해 다각도로 연구 검토한 결과 합리적인 보강방안(대책 및 공법)으로서 그라우팅, 마이크로파일 설치 및 우물통 주변 사석 부설로서 지반지지력과 전도에 대한 안정성 을 향상시키는 공법을 채택하였다. P-8번 교각은 보강공법에 따라 정교한 시공이 필요하다.

또한 본 교량은 11경간 연속 P.C보 교량이므로 하부구조인 교각의 부등침하나 변위가 추가 발생할 경우 상부구조에 영향을 미칠 것으로, 침하 등 변위의 우려가 있는 다른 교각에 대해서도 적절한 조치를 하고 하자보수 기간 중 각 교각의 변위 유무에 대한 계속적인 관찰이 요망된다.

● 참고문헌 ●

(1) Design Manual(1971), Soil Mechanics, Foundations and Earth Structures, NAVFAC DM-7, March, pp.7-11.

(2) 道路構造物の設計と施工, p.188.

(3) 日本土質工學會,構造物・基礎設計基準集, p.482.

(4) DIN(1983), "Small Diameter Injection Piles(Cast-in-place Concrete piles and composite piles)", DIN-4128 Engl, April, p.27.

(5) IEEE(1985), Draft American National Standard IEEE Trial-Use Guide for Transmission Structure Foundation Design, p.173;175.

(6) The GEWI-Pile, pp.56-71.

(7) 日本國有鐵道建設局吧,注入の設計施工指針, p.37.

(8) 최영박, 신편 항만공학, 문운당, p.159;199.

(9) 건설부, 도로교표준시방서.

(10) 건설부, 항만설계기준, p.85.

(11) 이우현・홍원표・김수삼・김기봉(1989), '팔금도 – 기좌도 간 연도교 가설공사 하부기초 보강공법에 관한 연구보고서', 중앙대학교.

일산 ○○주상복합건물 지하주차장 균열에 대한 안전도 조사

일산 ○○주상복합건물 지하주차장 균열에 대한 안전도 조사

9.1 연구 개요

9.1.1 건물 개요

(1) 위치: 경기도 고양시 백석동

(2) 용도: 아파트 및 상가

(3) 층수: 지하 2층 지상 28층

(4) 구조: 철근콘크리트 라멘 및 벽식 구조

(5) 기초: R.C 파일기초

9.1.2 연구 목적

본 연구는 경기도 고양시 (주)○○주상복합건물 신축공사 중 지하 2층 바닥의 일부에서 균열이 발견되었다. 이에 대한 원인규명과 구조체의 안전도를 검토하고 필요시 보수방안을 제시하는데 그 목적이 있다.[1]

9.1.3 연구 내용의 범위

본 건물의 시공자인 (주)○○에서 균열발생이 되었다고 구조 안전진단을 의뢰한 지하 2층 부분에 대하여 현장을 답사한 결과, 균열부 주변의 구조체 및 기초구조에 대한 안전도 검토를 위하여 다음과 같은 연구작업을 수행한다.

(1) 균열의 위치 및 크기 조사
(2) 콘크리트의 강도 측정(슈미트해머)
(3) 슬래브의 철근 탐사
(4) 균열 발생 부위 구조계산 검토
(5) 기초구조의 안전성 검토
(6) 원인 규명과 필요시 보강방안 제시
(7) 연구 결과에 대한 종합적인 결론 및 보고서 작성

9.1.4 연구 기간

1993년 8월~1993년 9월

9.1.5 연구 조사 방침

현장조사 및 각종 해석을 통해 원인을 분석하고 이에 따른 구조체의 안전도를 확인하여 필요시 보강방안을 제시한다.

9.2 현장 현황 조사

9.2.1 콘크리트의 균열 조사

콘크리트 구조물에서 균열 발생은 피할 수 없는 것이다. 최근에는 균열로 인해 콘크리트 구조물이 손상되는 경우가 많아서 전문가들에 의해 균열 발생 이론에 대한 연구가 활발히 진행되고 있다.

철근콘크리트 구조물의 설계 시 부재의 인장축은 균열이 형성된다고 가정하고 모든 인장력을 철근에 부담하도록 계산한다. 균열의 발생 원인은 다음과 같이 무수히 많이 있으나 수화열, 건조수축, 온도응력 및 구속도 등이 있다.

(1) 균열 발생 원인

균열은 콘크리트의 응력이 그의 인장강도를 넘어설 때 발생한다고 가정하면 콘크리트의 인장응력은 외력이나 자유로운 변형이 억제된 상태에서 발생한다.(3.4.8) 외력에 의한 인장응력은 대체로 콘크리트의 경화가 완료되었을 때 발생한다.

인장응력의 크기는 비교적 간단히 계산될 수 있고 이것은 설계 작업의 기초가 된다. 이런 인장응력 때문에 구조물은 외부하중 상태에서는 미세한 균열 발생을 감안해야 하나 균열이 큰 폭으로 발생할 때에는 설계 또는 시공상의 결함이 있는 것을 의미한다.

자유로운 콘크리트의 변형이 억제된 상태에서 나타나는 콘크리트 구조물 내의 응력은 '구속응력'과 '고유응력'으로 구분할 수 있다. 구속응력은 부정정 구조물에서 지점변형이나 전 부재의 균등한 온도 변화에서 발생한다. 만일 한 단면에서의 온도분포가 불균등하거나 부재습도 변화에 의한 건조수축 상태에 있으면 추가적으로 고유응력이 발생한다. 한 단면의 고유응력의 합은 '0'이 되므로 지점에서의 반력은 없다.

일반적으로 구속응력은 축력이나 모멘트를 형성하지만 고유응력은 단지 부재단면에서만 활동적이다. 구속된 변형상태의 응력을 정확히 계산하기는 어렵기 때문에 이들의 설계 반영이 자주 기피된다.

특히 주의할 것은 굳지 않은 콘크리트에서의 균열 발생이다. 즉, 콘코리트 타설 후 약 40시간 동안에 발생하는 수화열에 의한 콘크리트 내부의 온도 상승과 거푸집 제거 후의 낮은 외부기온 때문에 인장응력이 발생하여 인장균열이 발생할 수 있다. 고유응력에 의한 균열은 콘크리트 표면에서 나타나고 콘크리트 부재의 온도가 아주 균등하게 되면 없어지나 결국은 인장단면의 축소를 초래한다.

(2) 균열의 종류

콘크리트 건물에는 콘크리트라는 재료 때문에 기인하는 내적 요인과 하중이나 외부환경 등으로 기인하는 외적 요인으로 인장력이 작용한다. 그러나 콘크리트는 압축강도에 비해서 인장강도가 극히 적어서 압축강도의 1/10~1/13만이 있을 뿐이다.(2)

또한 콘크리트는 인장강도가 적은 데 비해서 탄성계수가 크고 단단하며 대단히 깨지기 쉬운 재료이므로 약간의 인장휨으로 큰 인장력이 작용하여 간단히 균열이 발생한다. 콘크리트가 균열되지 않는 조건은 응력적으로는 다음과 같다.

- 콘크리트에 작용하는 인장력≤콘크리트의 인장강도

또한 변위에서는 다음과 같이 된다.

- 인장 방향 변위≤콘크리트의 신장력

콘크리트의 특성상 이러한 조건에 맞춘다는 것은 현재로서는 불가능이라고 해도 과언이 아니다.

① 건조수축에 의한 균열

콘크리트는 건조하면 수축한다.[5] 그리고 슬럼프 18cm 정도의 콘크리트 건조수축률은 $6\text{-}8\times10^4$ 정도다. 건물 내부의 철근이나 부재마다의 건조상태에 대한 차이 등으로 콘크리트가 자유롭게 수축되는 것을 방해하는 구속력이 작용한다. 한편 신장능력(탄성신장 + 클리프신장)은 $3\text{-}4\times10^4$ 정도라고 한다(건조수축률($6\text{-}8\times10^4$)×구속계수〉신장능력($3\text{-}4\times10^4$)).

구속계수는 건물의 규모, 형상, 부재의 단면, 기타 부위에 따라 다르다. 따라서 구속계수가 적은 것은 균열이 발생하지 않는다.

건조수축 균열의 특징은 건물 전체의 수축으로 생기는 인장력의 작용으로 발생하는 힘은 벽의 경우 아래층이 위층의 수축을 구속하므로 윗부분과 밑부분에 변위 차이가 생겨 상단부를 중앙으로 끌어들이는 듯한 힘이 작용한다.

콘크리트 건물 내외벽에는 크든 작든 그림과 같은 비스듬한 균열이 발생한다. 이것은 역팔자형의 균열이라고 부른다. 이와 같은 균열은 밑층 콘크리트의 수축률과 윗층 콘크리트와의 수축률의 상대적인 차이로 발생한다.

최상층에는 역팔균열의 영향, 즉 팔자형의 균열이 발생하지만 이것은 일사에 의한 슬래브 콘크리트의 팽창에 의한 것이다. 최상층에는 이 양쪽이 발생할 가능성이 있다.

바닥일 경우에는 건물의 긴 방향의 인장력이 강하게 되므로 주로 두꺼운 부재와 얇은 부재의 건조속도 차이로 생기는 인장력으로 발생하는 균열이 건물 전체의 수축으로 생기는 인장력의 작용으로 발생하는 힘에 의해 균열이 생긴다.

② 수화열 응력에 의한 균열

콘크리트도 열팽창이 있는 재료이므로 고온이 되는 콘크리트 내부의 팽창으로 저온의 표면부가 인장되어 균열되는 일이 있다. 또한 팽창되어 응고된 콘크리트가 냉각될 때 외부로부터 수축이 구속되면 역시 균열이 생긴다.(6.7)

③ 외부 온도 응력에 의한 균열

지붕 슬래브 및 보가 열을 받으면 팽창되므로 건물 윗면에 외부 측으로 밀어내려는 힘이 작용한다. 이 힘이 강하면 최상 측의 벽이 견딜 수 없게 되어 균열이 발생한다.(6.7) 이런 경우의 균열은 힘의 방향에서 팔자형으로 나타나는 것이 특징이다. 최상층은 우선 건조수축에 의한 역팔자형의 균열이 생기고 다음으로 온도균열에 의한 팔자의 균열이 생기는 경우가 있으므로 양쪽의 대책이나 온도균열에 대해서는 옥상을 외부단열로 하는 등의 대책이 필요하다.

④ 지진력에 의한 균열

지진 시에는 벽면에 수평방향으로 큰 전단력이 작용하여 그에 의한 균열이 발생한다.(6.7) 내력벽의 철근은 이 전단력에 저항 되도록 계산되고 배치되어 있으므로 기둥과 보 내의 정착, 덮개 두께의 확보가 중요하다는 것이다.

⑤ 부동침하에 의한 균열

이 균열은 침하에 의해 건물이 휘기 때문에 발생하는 것으로 일정한 규칙성을 나타내는 것이 특징이다.

(3) 균열의 평가 방법

보수에 앞서 균열의 위치와 범위 균열의 원인 보수의 필요성 등에 대한 평가가 이루어져야 한다. 도면이나 특기시방서 또는 시공과 유지관리 기록도 검토하여 보수계획 수립에 이용하도록 한다. 균열이 구조물의 강도 강성 및 내구성을 허용 기준 이하로 감소시킬 것이 예상되는 경우에는 보수가 요망되며 균열로 인해 구조기능이 떨어지거나 콘크리트 표면이 미관을 개선하기 위해서도 보수가 행해진다.

균열의 크기와 그 원인을 주의 깊게 평가한 뒤에 보수 방법을 선정해야 한다.

보수의 목적은 다음 중 하나 또는 그 이상이 될 수 있다.

① 강도의 회복이나 증진　　　　　② 강성(stiffness)의 회복이나 증진
③ 구조물 기능의 개선　　　　　　④ 방수성의 개선
⑤ 콘크리트 표면의 외곽 개선　　　⑥ 내구성의 개선
⑦ 철근의 부식 방지

(4) 균열의 보수 방법

균열 발생의 원인은 주로 건조수축과 온도응력이라고 판단되므로 허용균열폭을 넘는 균열은 내구성을 고려한 방수나 충진 등의 보수를 행하여야 한다.[2] 균열의 허용균열폭은 각종 조건에 따라 다르고 제외국의 기준도 조금씩 상이하나 큰 차이가 없으며 0.4mm 이상의 균열에 대하여 충진·보수함이 타당하며 제외국의 허용균열폭의 기준은 표 9.1과 같다.

표 9.1 콘크리트의 허용균열폭[6.7]

국명	구분	허용균열폭(χm)	비고
영국	BSI 규정 일반 구조물 특히 결렬한 침식성의 환경	0.3 0.004d	CP-110 D: 주철근 피복
프랑스		0.4	
독일	DIN 규정 철근의 중류 직경, 철근비, 하중조건 등 　으로 계산		DIN 1045
스웨덴	사하중 사하중·활하중/2	0.3	
미국	ACI 규정 건조한 대기 중 뜨는 보호충이 있는 경우 습한 공기 중 흙속에 있는 경우 동결방지 약품에 접할 때 해수 또는 해풍에 의한 건습 반복 시 수밀성을 요하는 부재	0.4 0.3 0.175 0.15 0.10	ACI 318-71
구미콘크리트 위원회	구미콘크리트 위원회 방호된 부재 방호되지 않은 부재 현저히 노출된 부재	0.3 0.2 0.1	
일본	기상조건이 심할 경우 보통의 기상 조건 실내 등 기상조건의 영향을 거의 받지 않 　는 경우	0.2 0.3 0.5	

(5) 균열 조사 결과 및 분석

본 연구 수행을 위해 지하 2층 균열 발생 부분을 현장조사를 하여 육안으로 균열의 위치를 확인하고 전체적인 균열의 양상을 판단하며 크렉스케일로 대표적인 균열의 폭을 확인하고 이를 도면에 표기하였다.

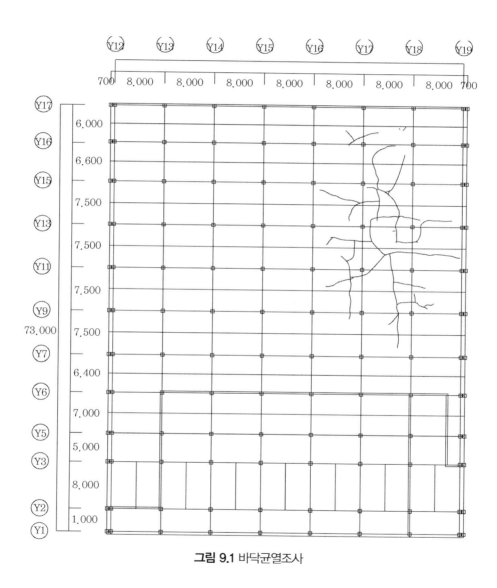

그림 9.1 바닥균열조사

① 지하 2층 바닥 슬래브에 불규칙적으로 균열이 발생하였다.

② 상부층으로 균열이 진행하지 않았음을 현장 관계자로부터 확인하였다.

③ 균열의 특징은 상부 슬래브의 균열만으로는 확인할 수는 없으나 응력에 의한 균열의 특징인 규칙적인 균열양상을 보이지 않는 것으로 사료된다.

④ 균열의 폭은 일반적으로 0.1~0.5mm이며 일부균열은 균열 발견 후 다시 붙었음을 확인하였다.

9.2.2 구조체의 콘크리트 압축강도 조사

기존 콘크리트에 대한 압축강도의 추정은 근래 비파괴 시험법을 주로 사용하고 있다. 코어를 채취하여 압축강도를 측정하는 방법을 병용할 수도 있으나 이는 구조물에 손상을 주므로 시공 당시의 공시체 강도와 시공된 부분에 대한 슈미트해머 타격법에 의해서 콘크리트 강도를 측정하여 비교·분석한다.

(1) 슈미트해머에 의한 콘크리트 압축강도조사

본 시험에 사용한 슈미트해머는 NR형을 택하였으며 반발강도 R0을 자동으로 기록하여 사용 각도에 따라 콘크리트 압축강도를 구한다. 또 타격횟수는 20회 측정하여 그 평균값을 구하고 콘크리트 재령에 따라 콘크리트 강도를 측정할 경우 28일 강도를 기준으로 재령계수 α를 곱하여 콘크리트 강도를 추정할 수 있다.

(2) 측정 개소 및 측정 방법

현재 시공된 지하 2층 바닥을 조사 대상으로 하였다. 측정 개소로 선정된 부위는 위치별 콘크리트강도 평가 비고란에 기재하였다. 압축강도 측정 방법은 균열이 없는 비교적 평탄한 면을 선정하고 불순물을 제거한 후 슈미트해머를 측정면으로부터 서서히 힘을 가하여 그 반발경도를 구하였다.

콘크리트 반발경도를 1개소당 20회를 측정하여 그 산술 평균값을 반발경도 R_o로 정하였다. 반발경도로 콘크리트 강도 추정식을 슈미트해머 도표인 표 9.2에 따른 압축강도와 다음 기준식에 따른 강도를 함께 기록하였다.

표 9.2 슈미트해머 반발경도에 의한 콘크리트강도[(2)]

R	-90	-45	0	-45	-90
20	125	115			
21	135	125			
22	145	135	110		
23	160	145	120		
24	170	160	130		
25	180	170	140	100	
26	198	185	150	115	
27	210	200	165	130	105
28	220	210	180	140	120
29	208	220	180	150	138
30	250	208	210	170	145
31	260	250	220	180	160
32	280	265		190	170
33	290	290	250	210	190
34	310	290	260	220	200
35	320	310	280	208	218
36	340	320	290	250	230
37	350	340	310	265	245
38	370	350	3120	280	260
39	380	370	340	300	280
40	400	380	350	310	295
41	410	400	370	330	310
42	425	415	380	345	325
43	440	430	400	360	340
44	460	450	420	380	360
45	470	460		395	375
46	490	480	450	410	390
47	500	495	465		410
48	520	510	480	445	430
49	540	525	500	460	445
50	550	540	515	480	460
51	570	460		500	480
52	580	570	550	515	500
53	600	590	565	500	520
54	600	600	530	550	530
55	600	600	600	570	550

① 일본 재료학회식 $F = 13 \times R_o - 184$

② 동경도 건축재료 검사식 $F = 10 \times R_o - 110$

③ 일본 건축학회식 $F = 7.3 \times R_o + 100$

④ 신도시 아파트 시공평가조사 연구 제안식 $F = 19 \times R_o - 311$

표 9.3 재령일에 의한 재령계수 α의 값

재령	4일	5일	6일	7일	8일	9일	10일	11일	12일	13일	14일	15일	16일	17일	18일
α	1.90	1.94	1.78	1.72	1.67	1.61	1.55	1.49	1.45	1.40	1.36	1.32	1.22		1.22
재령	19일	20일	21일	22일	23일	24일	25일	26일	27일	28일	29일	30일	32일	34일	36일
α	1.18	1.15	1.12	1.10	1.08	1.06	1.04	1.02	1.01	1.00	0.99	0.99	0.95	0.96	0.95
재령	38일	40일	42일	44일	46일	48일	50일	52일	54일	56일	58일	60일	62일	64일	66일
α	0.94	0.93	0.92	0.91	0.90	0.89	0.87	0.87	0.87	0.86	0.86	0.86	0.85	0.85	0.85
재령	68일	70일	72일	74일	76일	78일	80일	82일	84일	86일	86일	90일	100일	125일	150일
α	0.84	0.84	0.84	0.84	0.83	0.83	0.82	0.82	0.81	0.81	0.80	0.80	0.78	0.76	0.74
재령	175일	200일	250일	300일	400일	500일	750일	1000일	2000일	3000일					
α	0.73	0.72	0.71	0.70	0.65	0.57	0.66	0.65	0.54	0.53					

(3) 압축강도 결과

조사 대상 부분에 대한 슈미트해머 반발도에 따라 콘크리트 압축강도(F_m)을 구하여 위치별 콘크리트강도 조사 결과를 표에 기록하였다. 본 표에서 반발강도(R_o)값에 따라 타격각도를 감안한 슈미트해머에서 구한 콘크리트 강도값(F_m)과 일본 재료학회식, 동경도 건축재료 검사식 일본 건축학회식, 신도시 아파트 시공평가 조사연구 제안식의 콘크리트강도 값을 함께 기록하였다.

콘크리트 강도의 최종평가는 건물의 최소 콘크리트강도 값이 구조계산서상의 설계기준강도 $F_c = 210\text{kg/cm}^2$보다 상회할 경우는 합격판정으로 하였다.

(4) 조사 결과 및 분석 검토

위치별 콘크리트 강도 조사 결과 및 강도 평가표에 의하면 슈미트해머 반발경도 값에 따라 다음과 같다.

① 슈미트해머에 의한 콘크리트 강도표

② 일본재료학회식

③ 동경도 건축재료 검사식

④ 일본건축학회식

⑤ 신도시아파트 시공평가 조사연구 제안식

콘크리트강도는 $254 \sim 381 kg/cm^2$의 분포를 나타내고 재령을 500일로 할 경우 재령계수는 0.67로 28일 콘크리트 강도의 추정치는 평균 $211kg/cm^2$로 현재의 구조계산서상의 콘크리트 설계기준강도 $F_c = 210kg/cm^3$ 이상으로 본 건물에 대한 콘크리트 강도는 구조계산강도에 의해 시공된 것으로 안전하다고 판단된다.

9.2.3 철근배근탐사

철근탐사기(Protovale CM5 Cover Master)를 사용하여 지하2층에 대한 철근탐사를 실시하였다. 지중보 및 기초의 배근은 피복두께가 두꺼워 조사하지 못하였고, 상부 바닥판에 대한 철근을 탐사한 결과 슬라브 배근의 경우 설계도서의 철근 양과 동일함을 확인하였다.[1]

9.3 구조물의 안정성 검토

9.3.1 기초구조의 안정성 검토

일산 1차 아파트는 가로×세로가 73m×184m의 대지 위에 건립된 주상복합건물로서 그림 9.2에 나타낸 바와 같이 지상 27층 규모의 아파트 1개동(101동)과 지상 28층 규모의 아파트 1개동(102동)으로 아파트가 자리 잡고, 지하는 모두 지하주차장으로 지하 2개 층이 자리 잡고 있다. 또한 시공현장에 인접한 남서방향으로 건물의 외벽으로부터 약 13.5m 떨어진 장소에서 지하철 공사가 진행 중이며, 흙막이공사는 슬러리월 공법으로 설치 심도는 풍화암층인 약 G.L.(-)25.0m 까지 시공되어 있다.

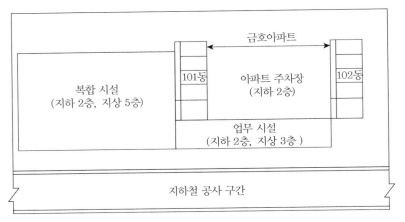

그림 9.2 주변 현황도

101동과 102동 아파트 하부 기초 형태는 그림 9.3에서 보인 바와 같이 ϕ350 P.C 말뚝을 1.2m×1.2m의 간격으로 매트 기초 하부에 배치시킨 형태다. 지하주차장 하부는 그림 9.4에서 보인 바와 같이 독립기초(2.7m×2.7m)판 하부에 ϕ350 P.C 말뚝을 9개씩 박아서 설치한 기초 형태로, 지하주차장 2층 바닥은 그림 9.4에 나타낸 바와 같이 상판 슬래브 두께 15cm와 하판 슬래브 두께 25cm로 구성되어 있고 그 사이는 실트질 모래로 채워 넣었다.

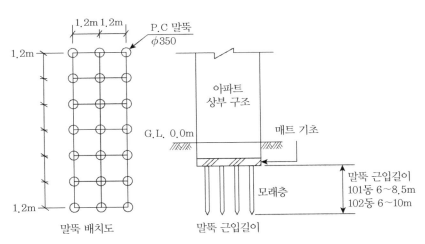

그림 9.3 아파트 기초 구성도

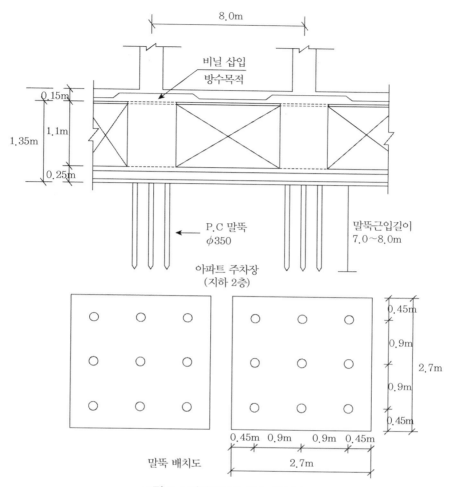

그림 9.4 지하주차장 기초 구성도

현장의 토질조건은 지표면으로부터 12.2m까지는 실트질 모래층, 12.2~24.8m까지는 사력층, 24.8~27.5m까지는 풍화암층이 분포하고, 이하는 연암층이 형성되어 있으며, 현재의 지표면은 지반조사 시의 지표면에서 약 3.6m 정도 성토되어 있다.

102동의 말뚝부분은 항타기록을 입수하지 못하여 말뚝 선단부의 위치를 정확히 알 수는 없으나, 처음에 항타한 말뚝은 모래와 자갈층 부분에 위치한 것으로 보인다. 항타시공상 나중에 박은 말뚝은 길이가 짧아서 모래부분에서 항타가 완료되었을 것이다. 101동이나 지하주차장 부분도 비슷한 양상을 보인 것으로 항타기록 조사 결과가 나타났다.

현재 시공 중인 일산 1차 아파트 중 지하 2층 주차장 바닥 상판 슬래브에 균열이 발생하였기 때문에 이에 대한 안정성을 검토하기 위하여 다음과 같은 사항을 검토하였다.

① 유한요소해석을 사용하여 아파트 102동과 지하주차장의 하중 차이에 의하여 발생하는 지반변형에 의한 기초의 안정성을 검토하였다.[1]

② 시공현장에 인접한 남서방향으로, 건물의 외벽으로부터 약 13.5m 떨어진 장소에서 지하철 공사가 진행 중으로, 완공 후 지하철 차량 진동에 의한 액상화 발생의 가능성을 검토하였다.

③ 장마철 및 홍수기와 현재 시공 중인 지하철공사가 완공 후에 발생 가능한 지하수위 상승에 따른 기초의 안정성을 검토하였다.

기초구조의 안정성 검토 결과는 다음과 같다.[1]

(1) 변위에 대한 분석

102동 아파트 건설과 관련하여 상당한 아파트의 자중이 상대적으로 가벼운 지하주차장 기초부분으로 전달되어 이 힘에 의한 상방향 변위가 2cm 정도 발생하였다. 그러나 이러한 변위 발생은 지하주차장 하부 말뚝의 인발저항력을 고려하지 않고 단순히 말뚝시공으로 인한 지반의 강성증가 효과만을 고려하였다. 따라서 실제로는 말뚝의 인발저항력으로 인하여 유한요소 해석 결과에서 산출된 변위량보다는 훨씬 적은 변위를 나타낼 것이다. 또한 기초 하부의 지반이 사질토로 구성되어 있으므로, 현 상황에서 변형의 경향은 이미 완료되어 있는 상태다.

(2) 응력에 대한 분석

지하 2층 주차장 하부 중 현재 균열이 발생한 부분의 휨모멘트는 22.4t-m, 전단력은 2.64t으로 나타났다. 이러한 휨모멘트 및 전단력에 대한 지하주차장 하부 기초의 지지능력은 다음과 같은 방법으로 검토하였다. 지하주차장 하부기초는 그림 9.4에서 보인 바와 같이 상부 슬래브와 하부 슬래브의 두께가 각각 15cm와 25cm인 2층 슬래브 구조로 되어 있고, 그 사이를 실트질 모래로 채워 넣었다. 현재 상황에서 지하주차장 하부기초는 상방향 변형을 받고 있으나, 원래 지하주차장 기초의 설계는 하방향 변형을 고려하여 설계되었다. 따라서 현재 설치되어 있는 Beam & Slab system을 적용시키기에는 다소 문제가 있다. 따라서 본 안정성 검토에서는 지하주차장 기초가 하부 슬래브의 두께만이 존재한다고 보고, 하부 슬래브 자체가 해석 결과의 휨모멘트 및 전단력을 지지할 수 있는가를 검토하고자 한다.

우선 지하 주차장 하부 슬래브의 전단응력에 대한 검토에 있어서는 콘크리트의 허용전단응력이 $0.25 \sqrt{\sigma_{ck}}$로서 3.87kg/cm²인 데 반해, 실제 발생 전단응력은1.32kg/cm²로 하부 슬래브의 전단저항에는 별 문제가 없는 것으로 나타났다. 또한 인장응력에 대한 검토에서 전산해석을 통하여 얻은 휨모멘트 22.4t-m는 해석상 101동과 102동 사이의 62m 전체 길이에 의하여 발생한 모멘트 결과로 현재 하부에 말뚝이 설치되어 그 지점을 고정지점으로 보지 않고 단순히 지반강성 증가효과만을 고려하여 산출된 결과다. 다시 말해 말뚝에 의한 고정지점 효과를 고려한다면 현재의 62m 지간은 말뚝의 간격인 8m 지간으로 바뀌어 해석되어야 한다. 따라서 전산해석 결과인 22.4t-m는 다음과 같은 방법으로 62m 전체 길이에 대한 단위길이당의 등분포하중으로 바꿀 수 있는데, 그 식은 다음과 같다.

$$22.4t - m = (wl^2)/8 = (w \times 62^2)/8 \tag{9.1}$$

$$\therefore w = 0.047t/m \tag{9.2}$$

이 계산의 0.047t/m가 62m 전체 길이에 대한 등분포하중으로 볼 수 있다. 그러나 말뚝으로 인하여 실제 모멘트 발생의 지간은 8m이므로, 이 지간에 발생하는 모멘트는 앞에서 계산된 등분포하중을 이용하여 식 (9.3)과 같이 구할 수 있다.

$$M = (wl^2)/8 = (0.047 \times 8^2)/8 \tag{9.3}$$
$$= 0.376t - m$$

결국 앞에서 계산된 바와 같이 말뚝의 설치로 인한 지간의 축소를 고려한다면 실제 하부 슬래브에 발생하는 휨모멘트는 0.376t-m로서, 인장응력에 대한 문제는 없다고 판단된다.

9.3.2 액상화 가능성 검토

포화된 느슨한 모래에 진동이 가해지면 부피는 줄어들려는 성질을 보이고, 만약 배수가 발생하지 않는다면 간극수압이 증가한다. 만약 계속되는 진동에 의해 간극수압의 증가가 계속된다면 어느 순간 상재하중과 간극수압이 같아진다.

$$\sigma' = \sigma - u = 0 \qquad (9.4)$$

여기서, σ = 총응력

u = 간극수압

σ' = 유효응력

이러한 조건하에서 모래의 전단강도는 발휘하지 못한다. 이러한 상태를 액상화 현상이라고 한다. 본 현장에서도 인접한 남서방향으로 건물의 외벽으로부터 약 13.5m 떨어진 장소에서 지하철 공사가 진행 중이다. 지하주차장 하부 12.2m 깊이까지 모래층이 퇴적되어 있으므로 만약 장마철 및 홍수기와 현재 시공 중인 지하철공사가 완공됨으로 인하여 지하수위가 기초 하부까지 상승한다고 가정하면 액상화 가능성이 있으므로 다음과 같은 방법으로 검토하였다.

본 현장은 지표면에서 약 12.2m 깊이까지 모래층이 퇴적되어 있고, 그 지반의 포화단위중량은 $1.9t/m^3$다. 지하철 하중에 의한 진동의 최대가속도는 식 (9.5)에 의하여 구할 수 있다. 본 현장의 액상화 가능성 대상 지역이 진동의 중심으로부터 약 15m 정도 떨어져 있으므로 octave band acceleration level은 60dB로 볼 수 있으며,[1] 이것을 이용하여 다음 식 (9.5)에 의하여 지하철 진동의 최대가속도를 구하면 다음과 같다.

$$\text{Octave Band Acce. level(dB)} = 20\log(\text{실제 Acce./ref. Acce.}) \qquad (9.5)$$

$$60 = 20\log(x/105g)$$

$$\therefore \; \simeq x \sim 0.01g \qquad (9.6)$$

결국 위에서 구한 바와 같이 지하철하중에 의한 진동의 최대가속도는 식 (9.6)과 같이 0.01g로 볼 수 있다.

9.3.3 지하수위 상승 시 기초의 안정성 검토

본 현장의 지하수위는 현재 지표면으로부터 11.4m 하부에 존재하고 있으나, 인접 지하철 공사가 완료되고 또한 홍수 시나 장마철에는 현재의 지하수위가 상승할 가능성이 있다. 또한 원구조설계도 그림 9.5에서 보는 바와 같이 지하 1층에 지하수위가 걸린다고 보고 설계되어 있다. 따라서 현재의 지하수위가 상승할 경우 건물의 자중과 말뚝의 인발저항력보다 수압에 의한 양압력이 커질 가능성이 있으므로, 이런 경우 기초의 안정성에 문제가 생긴다.

본 연구에서는 우선 지하수위가 상승함으로 인하여 발생하는 수압의 양압력에 대한 기초의 부상에 대한 안정성을 검토한 후 설계안에서 제시한 바와 같이 지하수위가 지하 1층에 존재하는 경우의 지하 2층 주차장 하부 슬래브의 균열 여부 및 지지능력을 검토하였다.

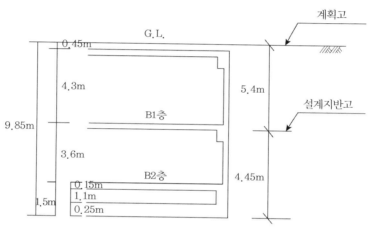

그림 9.5 지하주차장 구조도

(1) 지하수위 상승에 따른 양압력 검토

지하수위가 상승하면서 설계지반고의 지하 1층에 있는 경우와 계획고에 존재하는 경우로 보고 양압력에 대한 기초의 안정성을 검토하였다.

① 지하수위가 지하 1층에 있는 경우(설계지반고)

가. 건물 자중: 지붕($1.62t/m^2$) + 지하 1층과 2층 슬래브($1.32t/m^2$) + 흙($1.9t/m^2$) ≃ $4.84t/m^2$

나. 말뚝의 인발저항력: $f_s \sim 0.2 \times N(t/m^2)$

여기서, N은 표준관입시험치

다. 말뚝 본당 인발저항력: $0.2 \times N \sim 2t/m^2$(여기에서 N치는 주상도에서 나타난 바와 같이 평균치인 10을 사용하였다.)

라. 독립기초판 하부 9개 말뚝의 인발저항력: $2t/m^2 \times 2 \times \pi \times (0.35m/2) \times 8m \times 9$개 ~ 158.26t

마. 독립기초($2.7m \times 2.7m$)의 단위면적당 인발저항력: $158.26t/(2.7m \times 2.7m) = 21.7t/m^2$

바. 수압: $1.0t/m^3 \times 4.45m = 4.45t/m^2$

사. 안정성 검토: $4.45t/m^2 \leq (4.84 + 21.7)/2 = 13.27t/m^2 \rightarrow O.K$

② 지하수위가 계획고에 있는 경우(현 지반고)

가. 건물 자중: $4.84t/m^2$

나. 말뚝의 인발저항력: $21.7t/m^2$

다. 수압: $9.85t/m^2$

라. 안정성 검토: $9.85t/m^3 \leq (4.84 + 21.7)/2 = 13.27t/m^2 \rightarrow O.K$

앞의 계산 결과에서 알 수 있듯이 건물의 자중과 말뚝의 인발저항력에 의한 하(↓)방향 힘이, 수압에 의한 상(↑)방향 힘보다 크므로 두 경우에서 건물의 부상에 대한 문제는 없다고 할 수 있다.

(2) 수압에 의한 기초하부의 안정성 검토

지하수위가 상승하여 설계 지반고까지 지하수위가 상승하였다고 가정하였을 경우에는 지하주차장 하부 슬래브의 지지능력에 대한 검토 결과를 참고문헌⑴의 부록 A에 나타내었다.

지하주차장 하부 슬래브에 작용하는 사하중은 슬래브와 흙의 자중으로 $2.49t/m^2$고, 수압에 의한 양압력은 $4.45t/m^2$이므로, 실제 하부 슬래브에 작용하는 압력은 각각의 차인 $1.96t/m^2$이 된다. 따라서 이 압력에 대한 지하주차장 하부 슬래브의 구조 검토를 실시하였다.

참고문헌⑴의 부록 A의 검토 결과에서 알 수 있듯이 지하수위가 지하 1층까지 상승할 때에는 지하주차장 하부 슬래브에는 커다란 문제가 발생하지 않는다. 그러나 그 이상 상승할 때에는 하부 슬래브에 균열이 발생할 염려가 있으므로 지하수위를 지하 1층 이하로 유지시켜야 한다.

9.3.4 균열 발생의 원인

(1) 지하 2층 바닥의 2층 슬래브 공간부분에 실트질 모래를 채우고 다진 후에 두께 0.03mm 폴리에틸렌 필름을 두 겹 깔고 그 위에 철근을 배근한 후 콘크리트를 타설하였다. 철근을 배근할 때 또는 콘크리트를 타설할 때 폴리에틸렌 필름이 파손되어 콘크리트 중의 수분이 일부 유출되어 콘크리트에 균열이 발생한 것으로 추정된다. 또 콘크리트를 타설한 후 양생 도중에 손수레 등이 통과함으로써 균열이 생겼을 수도 있다고 판단된다.

(2) 균열이 생겨있는 두께 150mm 바닥 콘크리트 위에 #8-150×150 와이어메쉬를 깔고, 두께 150mm 콘크리트를 타설한 부분에서는 균열을 찾아볼 수 없는 것으로 보아 시공상 부득이한 사유로 균열이 생긴 것으로 판단된다.

9.4 결론 및 건의사항

(1) 지하주차장 하부기초의 융기에 의하여 균열 발생 가능성을 검토해본 결과 지반융기가 균열 발생의 원인이 아닌 것으로 판단되며, 이로 인한 구조체에 미치는 안전성에도 문제가 없는 것으로 판단된다. 또한 이미 모든 변위가 발생하였으므로 차후에 추가적인 문제는 없을 것으로 판단된다.

(2) 인접 지하철 진동으로 인한 기초지반 하부의 액상화 가능성도 없는 것으로 판단된다.

(3) 지하수위가 건물공사 전의 원 지반고 이상 상승하지 않는 한 양압력에도 문제가 되지 않을 것으로 사료된다.

(4) 균열 발생 부위의 현장조사 및 구조계산을 검토한 결과 지하 2층 바닥슬래브 및 지중보는 본 계산서에 주어진 설계하중에 대하여 충분하게 설계되었다. 추후 주변 여건의 변화로 인한 하중의 변화가 없으면 구조체는 안전한 것으로 판단된다.

● 참고문헌 ●

(1) 신현식·정재철·홍원표·이인모·명광호(1993), 일산 ○○주상복합건물 지하주차장 균열에 대한 안전도 조사 연구 보고서, 대한건축학회.

(2) 건설부, 도로교표준시방서.

(3) Bowles, J.E.(1982), *Foundation Analysis and Design*, 3rd Ed., McGraw-Hill, pp.97-102.

(4) Das, B.M. Principles of Foundation Engeering, *Brooks/Cole Engineering Division*, pp.375-378.

(5) Design Manual(1971), Soil Mechanics, Foundations and Earth Structures, NAVFAC DM-7, March, pp.7-11.

(6) DIN(1983), "Small Diameter Injection Piles (Cast-in-place Concrete piles and composite piles)", DIN-4128 Engl, April, p.27.

(7) NAVFAC DM 7.2(1984), *Design manual soil mechanics, foundations, earth structures*, U.S. Naval Publication and Forms Center, Philadelphia.

(8) Terzaghi, K., and Peck, R.B.(1967), "Soil Mechanics in Engineering Practice", New York; Wiley.

Chapter

10

지하옹벽

지하옹벽

10.1 구조물 개요

대상 구조물은 주공아파트 단지 내 지하옹벽이다. 제공된 자료에 의거하면 본 지하옹벽 구조물의 평면도와 단면도는 그림 10.1(a) 및 (b)에서 보는 바와 같다. 지하실 공간은 전장 84.6m의 옹벽으로 둘러싸여 있으며 20cm 두께와 3m 높이를 가지는 이 옹벽은 연직으로 설치되어 있다.

지하실 공간의 중앙부에는 15cm 두께의 철근콘크리트벽이 설치되어 있고 6개의 보(45×70cm 크기 단면)가 옹벽과 중앙벽체 사이에 놓여 있다. 이 벽체와 보 상부에는 20cm 두께의 상부 슬래브가 설치되어 있고 벽체 하부에는 40cm 두께의 매트기초가 설치되어 있다.

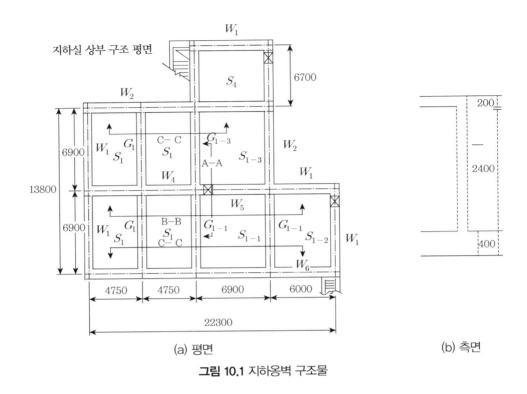

지하실 상부 구조 평면

(a) 평면

(b) 측면

그림 10.1 지하옹벽 구조물

10.2 구조물 내 균열 발생 현황

현장조사에 의거하여 정리·제공된 균열 발생 현황은 그림 10.2에서 10.5와 같다. 발생한 균열을 구조별로 분류하면 그림 10.2에서 10.6과 같다.

10.2.1 보 균열

G1-1 보의 경우 보의 양 지지단 부근에는 45° 각도의 균열이 발생하였으며, 보의 중앙부에도 균열이 발생하였다(그림 10.2 참조).

G1-2 보의 경우는 중앙부에 균열이 발생하였고, G1-3 보에는 양 지지단 부근에 균열이 발생하였다.

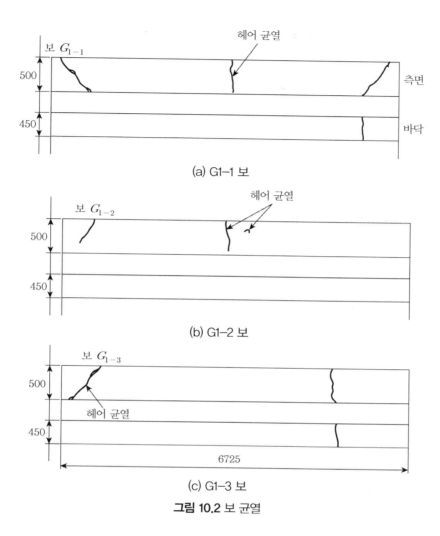

(a) G1–1 보

(b) G1–2 보

(c) G1–3 보

그림 10.2 보 균열

10.2.2 벽체 균열

W6 옹벽에는 중앙부에 연직으로 균열이 그림 10.3(a)와 같이 발생하였고, W5 벽체에는 그림 10.3(b)에서 보는 바와 같이 45° 각도의 균열이 발생하였다.

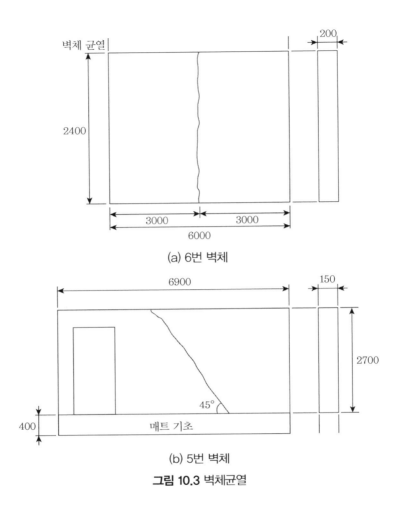

(a) 6번 벽체

(b) 5번 벽체

그림 10.3 벽체균열

10.2.3 슬래브 균열

하부 슬래브, 즉 바닥 기초 슬래브에는 그림 10.4에서 보는 바와 같이 중앙부에 균열이 발생하였다. 또한 상부 슬래브의 천정에도 그림 10.5와 같이 슬래브 중앙 부위에 균열이 발생하였다.

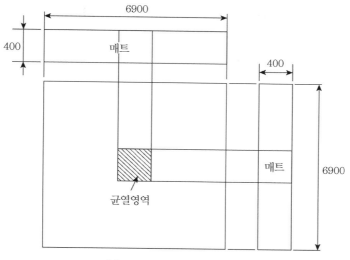

(a) 하부 슬래브 S1–1, S1–3

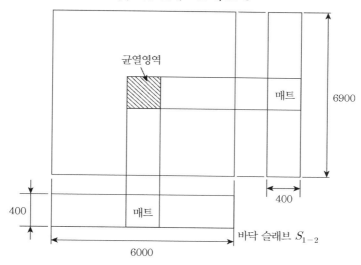

(b) 하부 슬래브 S1–2

그림 10.4 하부 슬래브 균열

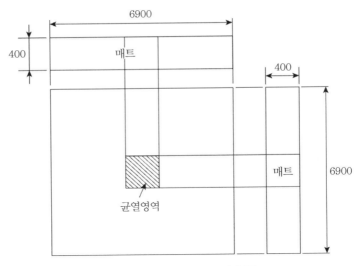

(a) 상부 슬래브 S1-1, S1-3의 천정

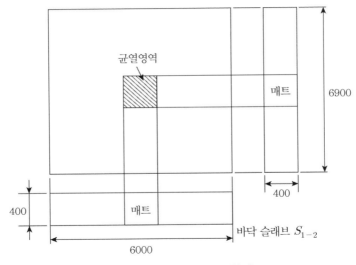

(b) 상부 슬래브 S1-2의 천정

그림 10.5 상부 슬래브 천정 균열

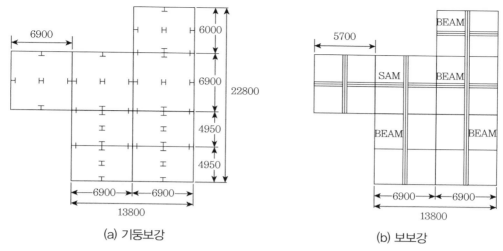

(a) 기둥보강

(b) 보보강

그림 10.6 보강 대책

10.3 원인 분석

(1) 보에 발생한 균열은 최대전단력 발생위치인 양 지지단 부근에서의 사인장 최대휨모멘트가 발생하는 중앙부에서의 인장 측 콘크리트균열로 분리된다.

45cm 폭에 70cm 유효높이를 가지는 단면보가 6.9m 길이의 다소 긴 경간으로 설치되어 있을 경우에는 자중에 의한 휨모멘트와 전단력은 클 것이다. 더욱이 공사 중 상부에 통과된 트럭하중은 전단력과 휨모멘트를 더욱 증가시켰을 것으로 예상된다.

이러한 하중에 대하여 보 중앙부의 인장철근량과 보 양지지단부근의 사인장철근이 부족하여 균열이 발생한 것으로 생각된다.

(2) W6에 발생한 균열은 지하실벽체의 설계 시 통상적인 옹벽의 벽체 설계와의 차이에 의하여 벽체의 두께가 다소 부족한 상태에서 상부 활하중의 영향에 의하여 균열이 발생한 듯하다.

중앙벽 W5에서의 균열은 벽체에 통로를 설치하므로 인하여 벽체의 단면이 부족해져서 상부 활하중 작용 시 벽체가 유효하게 기능을 발휘하지 못한 점에 기인한 것으로 생각된다.

(3) 슬래브의 중앙에 발생한 균열은 보와 벽으로 둘러싸인 슬래브의 면적이 매우 넓은 점으로 미루어보아 슬래브 내에 펀칭 파괴에 의하여 균열이 발생한 것으로 생각된다.

10.4 보강 대책

앞에서 검토된 바와 같이 본 지하구조물은 보의 경간이 너무 길며 슬래브의 면적은 너무 넓다. 또한 벽체의 두께도 충분하지 못한 관계로 이에 대한 보강이 필요하다.

보강 대책은 그림 10.6과 같이 할 것으로 제안한다. 즉, 기둥과 보의 수를 그림과 같이 증가시켜 보강한다. 이 보강 대책안을 기능상으로 분류·설명하면 다음과 같다.

(1) 기둥의 설치

적절한 크기의 H형강재기둥을 그림과 같이 3개소씩 설치함으로써 기존보를 보강한다. 이로서 보의 경간을 줄여주고 보에 발생하는 전단응력과 휨응력을 감소시킬 수 있다.

(2) 슬래브 내 보와 기둥의 증설

슬래브의 중앙 부분에 적절한 크기의 H형강재를 사용한 기둥을 설치하고 그림과 같이 보를 증설시킴으로써 슬래브에 발생한 펀칭 파괴의 불안전성을 보완시킨다.

(3) 벽체의 보강

옹벽 부근에는 적절한 크기 H형강재의 기둥을 그림과 같이 벽체에 부착시켜 설치함으로써 부벽의 역할과 지지단보강 역할을 할 수 있게 한다.

중앙부의 벽체부에는 적절한 크기의 H형강재를 양측에 부착시켜 보를 지지할 수 있는 기둥을 설치함으로써 벽체를 보강시킨다.

(4) H형강의 피복

모든 강재는 부식을 방지하기 위하여 콘크리트 피복을 할 필요가 있다.

(5) 에폭시 그라우팅

균열이 발생하였던 모든 부분은 에폭시 그라우팅을 철저하게 실시·처리한다.

• 참고문헌 •

(1) 홍원표(1993), 건설공학, 중앙대학교 공과대학, pp.194-202.

도로횡단 박스

도로횡단 박스

11.1 구조물 개요

그림 11.1 및 11.2는 ○○도로횡단 지하통로용 박스 구조물의 위치도 및 종단도이다. 1998년 11월부터 1985년 5월에 걸쳐 그림 11.3 및 11.4에 도시된 하천 박스, 하천 인도 박스, 차도 박스 및 차도 인도 박스 시공을 실시한 후 성토를 실시한 진입도로다. 시공 후 그림 11.5 및 11.6에 도시된 박스의 균열 및 처짐이 발견되어 현장의 박스 처짐 상태, 균열의 발생 상태 및 지반조사를 실시하였다.[1]

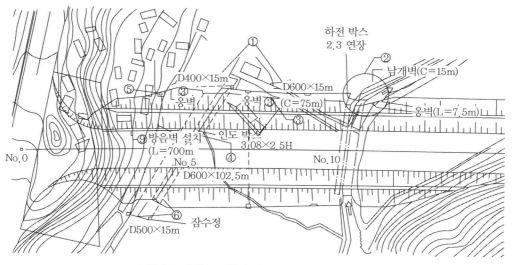

그림 11.1 ○○도로횡단 지하통로용 박스 위치도

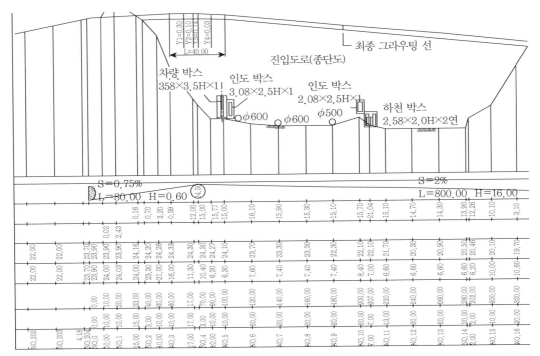

그림 11.2 ○○도로횡단 지하통로용 진입도로(종단도)

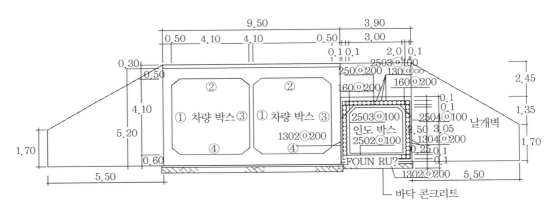

그림 11.3 차도 및 인도용 지하 박스의 표준단면도

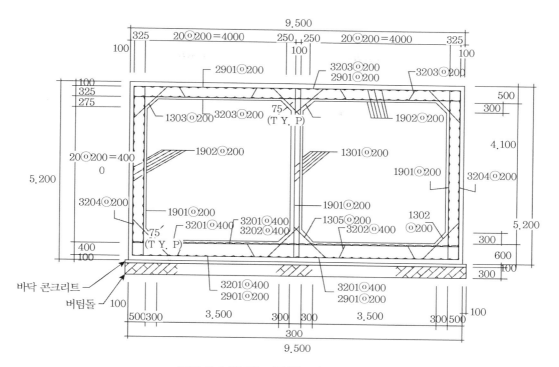

그림 11.4 차도용 지하 박스의 표준단면도

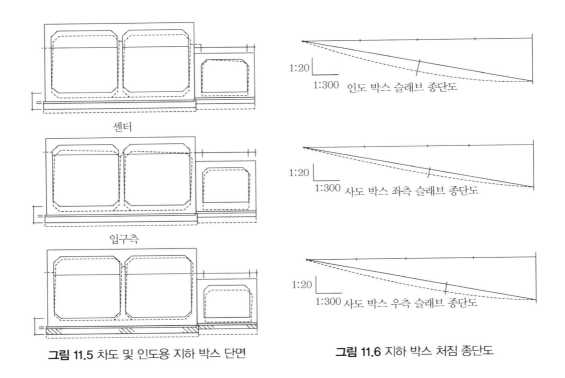

그림 11.5 차도 및 인도용 지하 박스 단면

그림 11.6 지하 박스 처짐 종단도

11.2 현장상황

11.2.1 부등침하

본 박스 구조물 설계 시에는 지반조사의 결과가 없는 상태에서 지반의 지지력을 가정하여 설계를 실시하였으나 지표부분 지반이 예상하였던 것보다 연약하여 상재하중을 견딜 수 없는 상태에서 지반침하가 발생한 것으로 생각된다. 특히 구조물 상부 성토높이의 차이로 인하여 발생한 상재하중의 차이는 박스의 양 입구 부분 지반과 중앙 부분지반의 침하량 사이에 부등침하가 발생하였다(그림 11.7 참조).

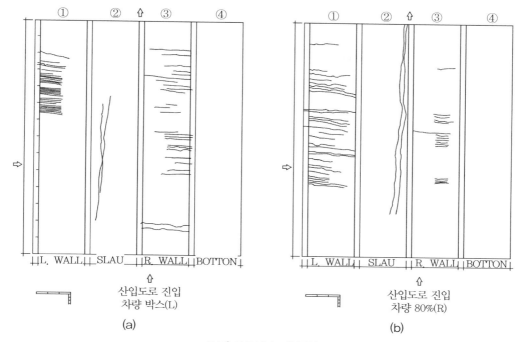

그림 11.7 박스 내 균열

11.2.2 차도 박스 및 인도 박스(차도 옆)

이들 박스 내부에서는 그림 11.7에 개략적으로 도시된 바와 같이 횡방향 및 종방향의 균열을 부분적으로 발견할 수 있었다. 이중 횡방향 균열은 제11.2.1절에서 설명한 부등침하에 의하여 박스에 발생한 종방향 휨응력에 의한 결과로 생각된다.

한편 종방향 균열은 전단파괴의 결과로 생각된다. 전반적인 단면구조 검토 결과 단면은 대체적으로 절약된 설계로 되어 있으며 전단에 다소 미흡한 면이 있다. 즉, 여유가 없는 설계단면을 가진 상태의 박스 구조물이 부등침하에 의하여 유발된 추가응력 부담을 감당하지 못하여 균열이 발생하였다. 보강 방안으로는 지반의 지지력을 보강한 후 균열로 발생한 박스 유효단면의 감소를 보강시키기 위한 박스 단면 보강 방법이 강구되어야 할 것이다. 그림 11.8은 보강방안의 예를 도시한 그림이다.

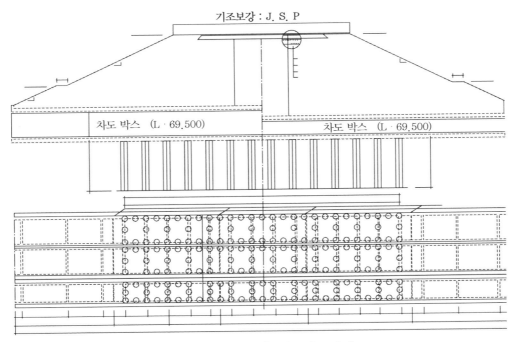

그림 11.8 보강 단면(평면도 및 조감도)

11.2.3 하천 박스 및 인도 박스(하천 옆)

박스가 받는 지반침하의 영향 및 응력 상태는 제11.2.2절과 비슷한 상황이며 하천유출 토사에 의한 박스 내 퇴적 상태가 심하여 대책 내지 보강공을 실시할 필요가 있다고 본다. 보강방안에 오픈컷 방안과 터널 방안 등이 예상되나 본 도로의 교통량이 많으므로 인해 오픈컷이 어려울 경우에는 특수 터널 공법이 채택될 수 있으나 공사비 및 기타 여건을 검토하여 결정될 문제라고 생각된다(그림 11.8 및 11.9 참조).

더욱이 현장을 답사한 바로는 하천 박스 상류 지역의 토지이용 변경 공사가 실시되고 있다. 따라서 금후의 하천유입 유량 및 토사량이 증가될 것으로 예상되어 본 박스의 통수단면이 적합한가를 검토할 필요가 있다. 기존 하천 박스의 계속 사용 여부는 퇴적된 박스 내 토사를 제거하고 세부조사 및 검토 후에 전기한 방법 등과 비교하여 재검토할 필요가 있다.

그림 11.8은 이 보강 단면 중 철골 구조는 그림 11.9와 같다. 즉, 차량 및 인도 박스 횡단면도이다. 그림 11.10은 차량 및 인도 박스가 설치되고 성토를 실시한 횡단면도다.

차도(인도) 박스 철골 보강 단면도

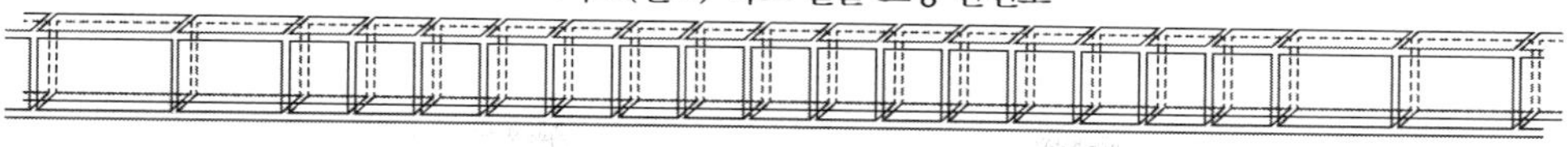

차도 박스 철골 보강 단면도

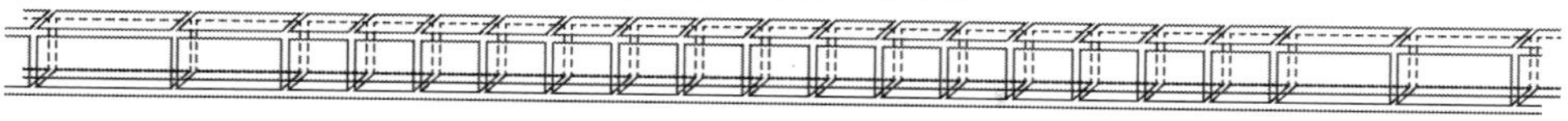

인도 박스 철골 보강 단면도

그림 11.9 차도(인도) 박스 철골 보강 단면도

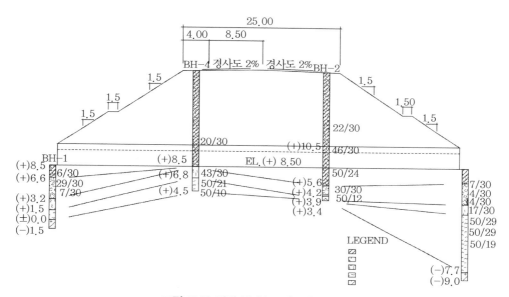

그림 11.10 차량 및 인도 박스 횡단면도

● 참고문헌 ●

(1)   홍원표(1993), 건설공학, 중앙대학교 공과대학, pp.203-214.

목포 삼호공단 산업기계공장
2개동 건물기초 설계방안

Chapter 12 목포 삼호공단 산업기계공장 2개동 건물기초 설계방안

12.1 서 론

12.1.1 연구 목적

본 연구는 전남 영암군 삼호면 용당리 해안에 인접하여 위치하는 삼호산업 기계공장의 부지 내에 엔진/터빈공장(327×140m) 및 중제관/보일러 공장(297×130m) 등 공장건물 2개동 신축을 위한 합리적인 기초설계방안을 제시하는 데 그 목적이 있다.[1]

12.1.2 연구 범위 및 내용

(1) 지반조사 시행 및 결과 분석

(2) 연약지반 처리대책 검토

(3) 측방유동에 대한 안정성 및 대책 검토

(4) 공장건물 독립기초 설계방안 검토

(5) 진동기계기초 설계방안 검토

(6) 일반 슬래브기초 설계방안 검토

(7) 대표설계단면 제시

(8) 결과보고서 작성 및 제출

(9) 결과보고서 제출 후 상세 설계도면의 적합성 검토

12.1.3 연구 수행 방법

본 공장부지 하부의 지층 현황을 파악하기 위해 시추조사를 직접 시행하고, 채취시료에 대한 실내시험을 실시하여 각 지층별 토성특성을 분석한다.

또한 현장답사를 통한 현황파악 및 제공받은 자료 등을 토대로 제12.1.2절에 기술된 연구 범위 및 내용에 대한 검토작업을 수행한다. 본 연구에 직접 활용하거나 또한 참고가 된 자료의 목록은 다음과 같다.

(1) 삼호공단 산업기계공장 건물기초 설계방안 연구 지반보고서, (주)천일지오컨설턴트, 1995.12.

(2) 삼호공단 항공기 부품공장 지질조사보고서, (주)동아컨설턴트, 1995.01.

(3) 삼호조선소부지 지반조사보고서, 한남지질주식회사, 1993.09.

(4) 엔진, 공장(327×140m) 및 중제관/보일러공장(297×130m) 건물기초 배치도

(5) DYNAMIC TESTING on Press Section of Paper Machine, M&S Technology Corp., 1995.10.

(6) 산업기계공장 세부절토 계획평면도

(7) 산기공장 및 호텔 진입로 현황

(8) 삼호지방 공업단지 공사 현황

(9) 영암지방 공업단지조성 지형지적도

(10) 안벽 단면도

(11) 항만계획 평면도

12.2 공사 현황 및 지반조사 결과

12.2.1 공사 현황

본 삼호산업 기계공장은 현재 원지반인 퇴적 연약점토층 상부에 인근지역에서 채취된 전석 등으로(4.3~7.0m 정도의 두께), 최근에 매립되어 부지 정리작업 정도만이 완료된 상태다. 산업 기계공장 세부절토 계획평면도는 그림 12.1과 같으며, (4) 엔진/터빈공장(327×140m) 및 중제관/보일러공장(297×130m) 건물기초 배치도는 그림 12.2 및 12.3과 같다.

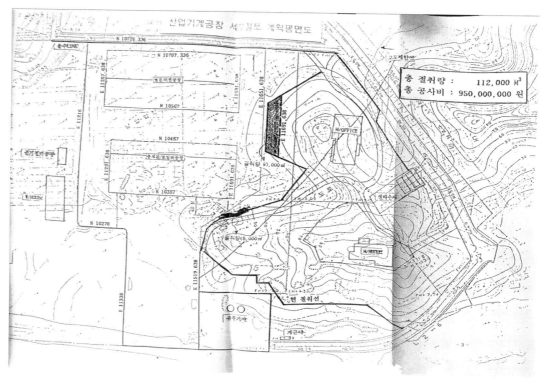

그림 12.1 산업기계공장 세부절토 계획평면도

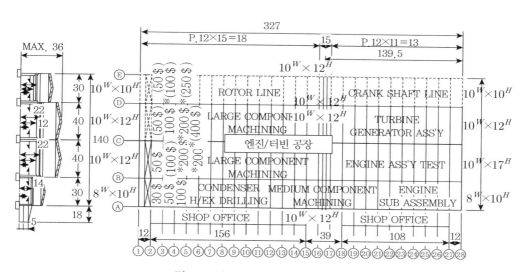

그림 12.2 건물기초 배치도(엔진/터빈 공장)

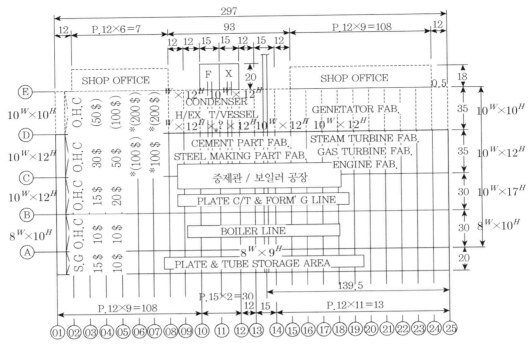

그림 12.3 건물기초 배치도(중제관/보일러 공장)

12.2.2 지반조사 결과

본 공장부지 하부의 지층 현황을 파악하기 위해 직접 시행한 시추조사 위치도는 그림 12.1과 같다. 조사 결과를 분석하면 본 삼호산업 기계공장 부지지반의 상부 쪽에는 매립전석층이 4.3~7.0m 정도의 두께로 분포되어 있다. 또한 매립전석층 하부 쪽으로는 N값이 0~3 정도에 불과한 퇴적 연약점토층이 4.5~16.5m 정도의 비교적 두꺼운 두께로 분포되어 있으며, 그 하부 쪽으로는 기반암층에 해당되는 풍화암층 및 연암층이 존재하고 있는 상태다. 또한 조사된 지하수의 위치는 G.L.(-)3.5~7.5m 정도로서 대개의 경우 연약점토층 상부면부터 지하수가 존재하고 있는 상태다.

여기서 퇴적 연약점토층의 두께가 비교적 두껍다고 판단되는 BH-2 및 BH-5에 대해 시추조사 결과를 토대로 지층 단면을 구성하면 그림 12.4와 같다. 또한 실내시험을 통해 얻어진 각 지층별 강도 특성을 정리하면 표 12.1과 같다.

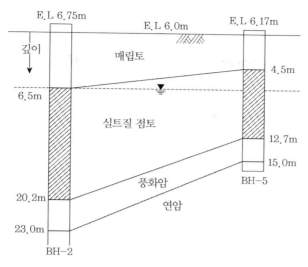

그림 12.4 지층 단면 구성

표 12.1 각 지층별 강도특성(1)

지층구성	강도정수		비고
매립전석층 (0~6.5m)	c	0	BH-2
	ϕ	35°	
	γ	1.85t/m³	
실트질 점토층 (6.5~20m)	N	0~3	BH-2
	c	2t/m³	
	ϕ	0	
	γ	1.65t/m³	
풍화암층 (20~23m)	N	50 이상	BH-2
	c	1.0t/m³	
	ϕ	32°	
	γ	2.0t/m³	
연암층 (23m 이하)	N	50 이상	BH-2
	c	3.0t/m³	
	ϕ	35°	
	γ	2.1t/m³	

12.3 문제점 분석

본 제12.3절에서 수행한 문제점 분석은 그림 12.4에 도시된 지층단면에 대하여 표 12.1에 명시된 각 지층별 강도특성 등을 토대로 하여 수행하였다. 아울러 본 삼호산업 기계공장에 대한 하중조건은 다음의 표 12.2와 같이 가정하여 문제점 분석이 이루어졌다.

표 12.2 가정한 하중조건(그림 12.5 참조)

	하중조건	비고
독립기초 부분	$Q = (8 \times 4m) \times 47t/m^2 = 1500t$	정적하중
일반 슬래브 부분	두께$(t) = 20cm$ $q = 3.5t/m^2$	정적하중
진동기계 설치 부분	수직전동(5t) 수평전동(2t)	동적하중
	기계중량(200t) 슬래브 하중 $q = 3.5t/m^2$	정적하중

그림 12.5 하중조건(가정)

12.3.1 압밀침하

본 삼호산업 기계공장 부지지반의 상부 쪽에는 최근에 매립된 전석층이 4.3~7.0m 정도의 두께로 존재하고 있다. 따라서 이와 같은 매립전석층의 자중 및 향후 부지 내에 야적될 재료의 하중 등을 감안할 때 매립전석층 하부 쪽에 존재하는 4.5~16.5m 정도 두께의 퇴적 연약점토층 내부에서 압밀침하현상이 지속적으로 발생할 것으로 판단된다.

그림 12.4에 도시된 BH-2의 지층단면 및 표 12.1의 강도특성 등을 토대로, 매립전석층의 자중만을 고려하는 경우 연약점토층의 최종압밀침하량(평균압밀도 $U_{avg} = 100\%$인 경우) S_c는 57.49cm 정도로 예상되며, 소요시간 t는 84.59년 정도로 예상된다. 이에 대한 구체적인 계산 내역은 다음과 같다(그림 12.6 참조).

전석층 하중: $q_0 = 6.5 \times 1.85 = 12.03\text{t/m}^2$

압밀침하량 계산:

$$S_c = \frac{C_c H}{1 + e_0} \log\left(\frac{P_0 + \Delta P_{av}}{P_0}\right)$$

$$P_0 = (1.65 - 1) \times 13.7 = 8.91\text{t/m}^2$$

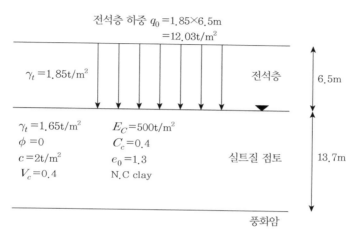

그림 12.6 압밀침하 예측을 위한 지층조건

2:1 응력분포법을 토대로 하면 다음과 같다.

$$\Delta P = \frac{q_0 \times B \times L}{(B+z)(L+z)}$$

$$\Delta P_m = \frac{12.03 \times 20 \times 14}{(20+6.85)(14+6.85)} = 6.02\text{t/m}^2$$

$$\Delta P_b = \frac{12.03 \times 20 \times 14}{(20+13.7)(14+13.7)} = 3.61\text{t/m}^2$$

따라서 $\Delta P_{av} = \frac{1}{6}[12.03 + 4 \times 6.02 + 3.61]\text{t/m}^2$

$$S_c = \frac{0.4 \times 13.7}{1 + 1.3} \log\left(\frac{8.91 + 6.62}{8.91}\right) = 57.49\text{cm}$$

또한 연약점토층의 평균압밀도 U_{avg}(%)에 따라 예상되는 소요압밀시간 및 압밀침하량 등을 정리하면 표 12.3과 같다.

표 12.3 U_{avg}(%)–t(소요압밀시간)–S_c(압밀침하량) 사이의 관계

U_{avg}(%)	10	20	30	40	50	60	70	80	90	100
T_v	0.008	0.031	0.071	0.126	0.197	0.287	0.403	0.567	0.848	1.000
t(년)	0.40	1.59	3.65	6.48	10.13	14.76	20.72	29.16	43.62	84.59
S_c(cm)	5.75	11.50	17.25	23.00	28.75	34.46	40.24	45.99	51.74	57.49

여기서, $t = \dfrac{T_v}{c_v} = H_{dr}^2$, $c_v = 0.01\mathrm{m^2/day}$, $H_{dr} = 13.7\mathrm{m}$

12.3.2 측방유동

기초하부쪽 지반이 특히 연약할 경우 배면하중 등에 의해 연약지반이 수평방향으로 이동하는 측방유동(lateral flow) 현상이 유발될 가능성이 크다(그림 12.7 참조).[3,4] 만약 이와 같은 측방유동현상이 발생하면 이에 따른 횡방향 토압이 기초말뚝에 휨응력, 전단응력 및 변형 등을 일으켜서 결국은 상부구조물의 심각한 손상을 초래할 수 있다.[5] 따라서 필요시 지반개량 또는 차단벽(curtain wall) 설치 등의 대책을 강구해야 한다.[6] 또한 차단벽의 종류를 결정하는 데는 강성에 대한 충분한 검토가 반드시 요구된다.

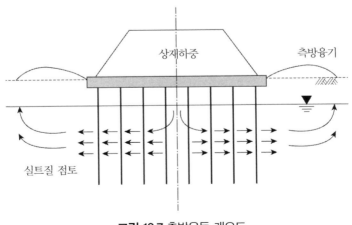

그림 12.7 측방유동 개요도

본 삼호산업 기계공장 부지지반의 경우도 연약지반으로서 측방유동이 발생할 가능성이 충분히 있다고 판단되어 이에 대한 분석이 수행되었으며, 그 결과를 정리하면 다음과 같다.

(1) 일본 도로공단

$$F = \frac{100c_u}{\gamma h D} = \frac{100 \times 2}{1.65 \times 9.5 \times 13.7} = 0.93 < 4(측방유동이\ 우려됨)$$

여기서, h = 성토층 두께

D = 연약층 두께

(2) 일본 건설 토목연구소

$$N_b = \frac{\gamma h}{3} = \frac{1.65 \times 9.5}{3} = 5.225 > 3\ (측방유동이\ 우려됨)$$

(3) CHAMP 프로그램 해석 결과

상재하중을 8.0m²으로 가정하는 경우 CHAMP 프로그램을 이용하여 해석한 결과 안전율이 1.303(〈1.4) 정도로 측방유동이 우려된다. CHAMP 프로그램 해석에 적용된 본 현장의 단면은 그림 12.8과 같다.

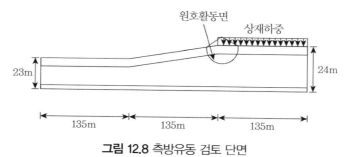

그림 12.8 측방유동 검토 단면

12.3.3 진동기계기초

진동기계가 설치되는 경우 기계 자체의 자중 이외에도 연직 및 수평방향으로 작용하는 진동

영향을 추가로 반드시 검토해야 한다. 특히 연약지반이 하부에 존재하는 본 삼호산업 기계공장의 경우 이에 대한 검토는 더더욱 중요하며(그림 12.9 참조), 진동기계기초 설계 시의 검토사항을 요약·정리하면 다음과 같다.

(1) 수직진동에 대한 영향 검토
(2) 수평진동에 대한 영향 검토
(3) 회전진동에 대한 영향 검토
(4) 비틀림 진동에 대한 영향 검토

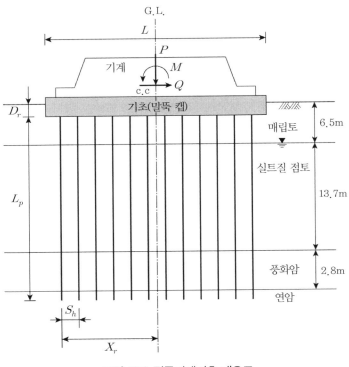

그림 12.9 진동기계기초 개요도

이 외에도 모든 진동기계기초의 설계는 다음의 요구사항을 만족하여야 한다.

(1) 사용할 기계가 지나친 마모 없이 설계된 기계기초 위에서 효율적으로 운전될 수 있어야 한다.

(2) 설계된 기계기초는 기계가 기능을 효율적으로 발휘하지 못할 정도로 기초가 손상되거나 침하하지 않아야 한다.

(3) 기초의 진동에 의해 흙을 통해 전파되는 진동이 사람이나 주변구조물 또는 민감한 기계류의 생산공정에 유해하게 작용해서는 안 된다.

또한 진동기계기초 설계 시 기계로부터 발생하는 진동하중특성과 지반특성 등에 따라 적절한 기초형식을 선정하여야 한다. 진동기계기초는 기초의 고유진동수와 기계의 운전에 의한 진동수의 비에 따라 고진동기초 및 저진동기초로 구분한다.

고진동기초란 기초의 진동수가 기계의 진동수보다 큰 기초를 의미하며, 저진동기초란 그 반대의 경우를 의미한다. 기계기초 설계 시 가장 중요한 사항의 하나는 기계와 기초가 공진을 일으키지 않도록 설계해야 한다는 것이며, 진동기계기초의 설계는 기계의 운전속도 및 지반조건 등에 따라 그 설계 방법이 다르다. 일반적으로 토질조건이 양호하며 저진동수를 갖는 기계에 대해서는 블록형 기초(그림 12.10 참조)를 채택하고 있으며, 토질조건이 열악할 경우에는 말뚝기초로서 진동에 대한 영향 및 안정성을 보완하고 있다.

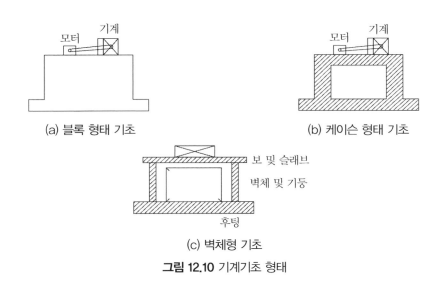

(a) 블록 형태 기초

(b) 케이슨 형태 기초

(c) 벽체형 기초

그림 12.10 기계기초 형태

본 삼호산업 기계공장 진동기계기초를 블록타입(그림 12.10 참조)으로 하는 경우를 가정하여 BH-2 지층조건(그림 12.4, 표 12.1 및 12.3 참조) 및 Prakash-Puri의 해석법[14] 등을 토대로 허용전폭 기준의 충족 여부를 개략적으로 검토해보았다. 검토 결과, 수평진동에 대한 최대진폭이 허용한계치를 훨씬 초과하고 있으며, 이와 같은 결과는 구조물과 기계에 대한 안전한계를 초과하는 위험한 수준에 해당한다. 따라서 본 삼호산업 기계공장 진동기계기초의 형태는 말뚝기초가 적절할 것으로 판단된다.

12.3.4 부마찰력 및 공동현상

만약 지반개량 등 연약지반처리공법이 선행되지 않고 깊은기초 형태인 말뚝기초가 바로 설치되는 경우 제12.3.1절에서 지적한 대로 연약점토층 내부에 압밀침하가 장기적으로 발생하게 되어 말뚝 – 주변흙 사이에서 부마찰력(negative skin friction)이 발생하고(그림 12.11 참조), 결국은 하향 연직방향으로의 힘이 시간 경과와 더불어 말뚝에 추가로 작용하게 된다.[15]

또한 이와 같은 장기적인 압밀침하현상이 발생하는 경우 말뚝상단 부근에 공동현상이 생김으로 인해 횡방향 구속지지응력의 감소 및 이에 따른 변형 등을 초래할 수 있다(그림 12.11 참조).

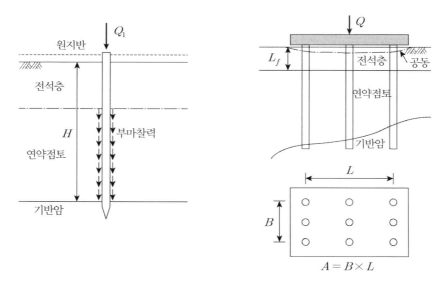

그림 12.11 부마찰력 및 공동현상 발생 개요도

12.4 대책 공법의 제시 및 검토

12.4.1 대책 공법의 제시

제12.3절에서 분석된 문제점 등을 고려하여 본 삼호산업 기계공장 2개 동의 합리적인 기초설계를 위한 대책 공법을 제시하면 다음과 같다. 기본적인 대책 공법은 깊은기초 형태인 말뚝기초로 하되, 세부적으로는 크게 두 가지 방향으로 분류하였다.

첫째로는, 연약지반처리공법을 먼저 시행한 다음 PHC 또는 강관 등 기성말뚝을 이용하여 건물독립기초 및 진동기계기초 부분에 한해서만 깊은기초를 시행하는 방안이다(그림 12.12의 대책 공법 I 개요도 참조).[6,7] 본 대책 공법 I에서 고려한 연약지반처리공법은 샌드드래인 설치 및 성토하중재하에 의한 압밀침하촉진 배수공법과 GCP(Gravel Compaction Pile) 치환에 의한 지반개량공법 등 두 종류다. 또한 본 대책 공법 I은 상부 전석층에 대한 BSP 동압밀공법 시행을 포함하고 있다.

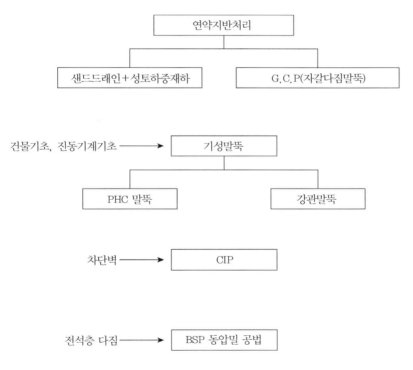

* 일반 슬래브 기초에 대해서는 기성말뚝 등 깊은기초는 시행하지 않음

그림 12.12 대책 공법 I 개요도

둘째로 제시하고자 하는 대책 공법 II는 연약지반처리공법을 시행하지 않고 바로 대구경 말뚝(건물기초 및 진동기계기초 부분) 및 PC 말뚝(일반 슬래브 기초 부분)을 이용하여 깊은기초를 시행하는 방안이다(그림 12.13의 대책 공법 II 개요도 참조).[12,13] 본 대책 공법 II는 대구경 말뚝의 경우 강성이 커서 횡방향 저항능력이 충분하다는 강점을 최대한 활용하여 채택한 방안이다.

아울러 측방유동에 대책으로는 샌드드레인 설치 또는 GCP 치환에 의한 지반개량 등이 시행되는 경우에는 CIP(Cast-In-Place Pile) 차단벽을, 연약지반처리공법을 시행하지 않는 경우에는 강성이 비교적 큰 널말뚝 차단벽을 각 공장부지 외곽에 시행하는 방안이다.[9]

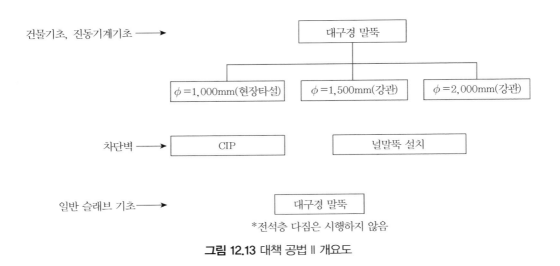

그림 12.13 대책 공법 II 개요도

12.4.2 각 대책 공법에 대한 검토

(1) 기본사항

본 검토에서 채택한 대표 지층 단면은 연약점토층의 두께가 비교적 두터운 BH-2 부분이며(그림 12.4 참조), 각 지층별 강도특성은 표 12.1에 명시된 값들을 토대로 또한 건물기초 및 진동기계기초 등의 하중조건은 표 12.3에 가정된 조건을 토대로 하였다.

만약 본 검토에서 가정한 하중조건이 향후 변동되는 경우, 또한 공장부지 내에서도 위치에 따라 연약점토층의 두께 등 지층단면이 서로 다르므로, 본 검토의 결과는 상세설계에 앞선 예비설계 검토 측면의 활용자료임을 밝힌다.

(2) 연약지반처리공법

① 샌드드래인 공법

본 검토에서는 샌드드래인을 설치하고 또한 2.5m 높이 정도의 성토하중을 재하하여 소요압밀도를 단기간 내에 얻는 방안에 대해 검토가 이루어졌다(그림 12.14 및 12.15 참조). 샌드드래인의 직경 D(40cm, 60cm) 및 설치간격 s(3.0m, 2.0m, 1.5m)를 다양하게 변화시켜 압밀침하에 요구되는 소요시간을 각각의 경우에 대해 계산해본 결과는 표 4.1, 4.3에 정리되어 있다. 본 계산에서 샌드드래인의 배치형태는 삼각형으로 가정하였다(그림 4.5 참조).[10]

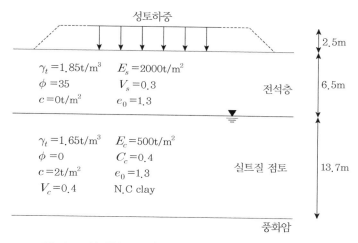

그림 12.14 압밀침하예측(sand drain + preloading) 조건 개요

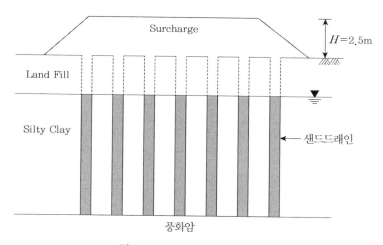

그림 12.15 샌드드래인 설치 단면도

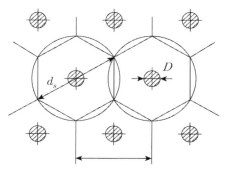

그림 12.16 샌드드래인 배치 형태

예를 들어, 표 4.1의 계산 결과를 분석하면 샌드드래인의 직경 D = 40cm고, 설치간격 s = 1.5m인 경우에는 연약점토층의 평균압밀도 U = 84%(예상잔류침하량 57.49cm×0.16 = 9.20cm)에 도달하기 위해 요구되는 기간은 0.2년(2.4개월) 정도다. 여기서 각 경우에 대한 계산내역을 정리하면 다음과 같다.

12.5 결론 및 건의사항

본 연구를 통해 조사·분석된 결과 및 기초설계를 위한 대책방안 등을 요약·정리하면 다음과 같다.

(1) 본 삼호산업 기계공장 부지지반의 상부 쪽에는 최근에 매립된 전석층이 4.3~7.0m 정도의 두께로 존재하고 있다. 따라서 이와 같은 매립전석층의 자중 및 향후 부지 내에 야적될 재료의 하중 등을 감안할 때 매립전석층 하부 쪽에 존재하는 4.5~16.5m 정도 두께의 퇴적 연약점토층 내부에서 압밀침하현상이 지속적으로 발생할 것으로 판단된다.
(2) 기초하부쪽 지반이 특히 연약할 경우 배면하중 등에 의해 연약지반이 수평방향으로 이동하는 측방유동현상이 유발될 가능성이 크다. 본 삼호산업 기계공장 부지지반의 경우도 측방유동이 발생할 가능성이 충분히 있는 것으로 분석되었으며, 따라서 지반개량 또는 차단벽 설치 등의 대책이 필요하다. 단, 차단벽의 종류를 결정하는 데는 강성에 대한 충분한 검토가 반드시 요구된다.

(3) 진동기계가 설치되는 경우 기계 자체의 자중 이외에도 연직방향 및 수평방향으로 작용하는 진동영향을 추가로 반드시 검토하여야 한다. 특히 연약지반이 하부에 존재하는 본 삼호산업 기계공장의 경우 이에 대한 검토는 더더욱 중요하다.

본 삼호산업 기계공장의 경우 가정한 하중조건에 대해 진동기계기초를 블록타입으로 하는 경우에 대해 허용진폭기준의 충족 여부를 개략적으로 검토해보았다. 검토 결과 수평진동에 대한 최대진폭이 허용한계치를 훨씬 초과하고 있으며, 이와 같은 결과는 구조물과 기계에 대한 안전한계를 초과하는 위험한 수준에 해당한다. 따라서 본 삼호산업 기계공장진동기계 기초의 형태는 말뚝기초가 적절할 것으로 판단된다.

(4) 지반개량 등 연약지반처리공법이 선행되지 않고 깊은기초 형태인 말뚝기초가 바로 설치되는 경우 연약점토층 내부에 압밀침하가 장기적으로 발생하게 되어, 말뚝 – 주변흙 사이에서 부마찰력 발생이 예상되고 결국은 하향 연직방향으로의 힘이 시간경과와 더불어 말뚝에 추가로 작용하게 된다.

또한 이와 같은 장기적인 압밀침하현상이 발생하는 경우 말뚝상단부 부근에 공동현상이 생길 수 있으며, 이로 인해 횡방향 구속응력의 감소 및 이에 따른 변형 등을 초래할 수 있다. 따라서 연약지반처리공법이 선행되지 않을 경우에는 지지능력이 큰 대구경 말뚝의 적용이 필요할 것으로 판단된다.

앞의 (1)~(4)에서 기술된 문제점 등을 고려하여, 본 삼호산업 기계공장 2개 동의 합리적인 기초설계를 위한 대책 공법을 제시하면 다음과 같다.

(1) 기본적인 대책 공법은 깊은기초 형태인 말뚝기초로 하되, 세부적으로는 크게 두 가지 방향으로 분류하였다.

첫째로 연약지반처리공법을 먼저 시행한 다음 PHC 또는 강관 등 기성말뚝을 이용하여 건물독립기초 및 진동기계기초 부분에 한해서만 깊은기초를 시행하는 방안이다(그림 12.14의 대책 공법 I 개요도 참조). 본 대책 공법 I에서 고려한 연약지반처리공법은 샌드드래인 설치 및 성토하중재하에 의한 압밀침하촉진 배수공법과 GCP 치환에 의한 지반개량공법 등 두 종류다. 또한 본 대책 공법 I은 상부 전석층에 대한 BSP 동압밀공법 시행을 포함하고 있다.

둘째로 제시하고자 하는 대체공법 II는 연약지반처리공법을 시행하지 않고 바로 대구경 말뚝(건물기초 및 진동기계기초 부분) 및 PC 말뚝(일반슬래브기초 부분)을 이용하여 깊은기초를 시행하는 방안이다(그림 12.15의 대책 공법 II 개요도 참조). 본 대책 공법 II는 대구경 말뚝의 경우 강성이 커서 횡방향 저항능력이 충분하다는 강점을 최대한 활용하여 채택한 방안이다.

(2) 아울러 측방유동에 대한 대책으로는 샌드드래인 설치 또는 GCP 치환에 의한 지반개량 등이 시행되는 경우에는 CIP 차단벽을, 연약지반처리공법을 시행하지 않는 경우에는 강성이 비교적 큰 널말뚝 차단벽을 각 공장부지 외곽에 시행하는 방안을 추천·제시한다.

(3) 향후 설계방안에 대한 최종적인 결정은 공사기간, 공사비용 및 현장여건 등을 종합적으로 분석·검토하여 이루어지는 것이 타당하다.

기타 향후 상세설계 및 시공상의 참고사항을 기술하면 다음과 같다.

(1) 샌드드래인 또는 GCP, CIP 또는 널말뚝 차단벽 또한 기성말뚝 등 깊은기초 설치를 위해서는 본 삼호산업 기계공장의 경우 상부에 매립된 전석층(4.3~7.0m 정도의 두께)을 관통해야 하는 실제 시공상의 어려움을 지니고 있다.[2,8,11]

특히 샌드드래인 설치 및 성토재하공법을 적용하는 경우 예정된 공정이 계획대로 반드시 진행되어야 하며 이를 위해서는 공사장비의 효율적인 가동이 중요시된다.

이 외에도 고압 워터제트펌프에서 도출되는 고압 워터제트와 바이브로 해머의 진동에너지를 조합하여 암반 등의 경질지반에 강재말뚝 등을 직접 타입하는 JV 공법도 본 경우에 적용이 가능할 것으로 판단된다.

(2) 샌드드래인 공법 적용 시 다량의 양질 모래를 확보하기가 여의치 않은 현장여건이거나 지중 타설부의 중간 부분이 절단되거나 잘록해지는 등 실제 시공상의 문제점이 우려되는 경우에는 샌드드래인 공법 대신에 근래에 많이 이용되는 팩드래인인 공법의 적용에 대한 검토도 적절할 것으로 판단된다. 팩드래인은 강인한 합성섬유의 망 주머니에 모래를 넣어 드래인을 형성하는 공법이다.

(3) 만약 본 연구검토에서 가정한 하중조건 등이 향후 변동되는 경우, 또한 공장부지 내에서도 위치에 따라 연약점토층의 두께 등 지층 단면이 서로 다르므로 본 연구검토의 결과는 상세설계에 앞선 예비설계 측면의 검토자료임을 밝힌다.

● 참고문헌 ●

(1) 김홍택 · 홍원표(1995), "목포 삼호공단 산업기계공장 2개동 건물기초 설계방안 제시 연구보고서", 홍익대학교 부설 과학기술연구서, 한라건설(주) 기술연구소.

(2) 김광일 등(1995), 'JV 공법(JV Rock Driving Method)', 한국지반공학회, 가을학술발표회 논문집.

(3) 박병기 등(1994), '연약지반의 변위에 관한 사례연구', 한국지반공학회, 봄학술발표회 논문집.

(4) 해안매립과 연약지반개량을 위한 신기술개발 연구논문집 I, II(1995), 중앙대학교 생산공학연구소.

(5) 일본토질공학회(1995), 말뚝기초의 트러블과 그 대책, 원기술 역.

(6) 일본토질공학회(1995), 지반개량의 트리블요인과 그 대책, 원기술 역.

(7) 대한주택공사(1991), 해안지방의 지층상태에 따른 구조물 기초의 설계 개선.

(8) 대한주택공사(1992), 현장타설 석재기둥공법의 실험적 연구.

(9) 대한토목학회(1995), 신기술 발표집.

(10) 포항종합제철주식회사광양제철소(1984), 기초항타 및 재하시험 보고서.

(11) TOMEN KENKI Line Up and Technical Information, 토멘 – 전기 주식회사 서울사무소.

(12) Bowles, J.E.(1982), 3rd Ed., Foundation Analysis and Design, McGraw-Hill Book Co.

(13) Das, B.M.(1984), Principles of Foundation Engineering, Brooks/Cole Engineering Division.

(14) Prakash, S. and Puri, V.K.(1988), Foundations for Machines: Analysis and Design, John Wiley & Sons, Inc.

(15) Tomlinson, M.J.(1987), 3rd Ed., Pile Design and Construction Practice, A Viewpoint Publication.

Chapter

13

마산시 신한토탈아파트 신축공사의 말뚝기초 및 보강 대책 검토

마산시 신한토탈아파트 신축공사의 말뚝기초 및 보강 대책 검토

13.1 서론

13.1.1 과업의 목적

(주)○○에서는 마산시 중앙동에 신한토탈아파트를 신축하고 있으며, 이미 시공된 말뚝공사의 재하시험 결과에 의하면 말뚝의 허용지지력이 설계지지력 70t에 크게 미달하는 것으로 나타났다. 시공된 말뚝(400mm PHC 말뚝)은 SIP 공법(천공 시멘트 주입말뚝 삽입)에 의해 풍화잔류층에 설치되었다. 따라서 향후 시공될 본 구조물의 안정을 보장하기 위해서는 기존구조물 기초의 수정이 필요하며, 보강 대책을 수립해야 한다. 본 검토에서는 적정 보강공법 및 보강공사의 물량 그리고 경제적이고 안전한 보강공사방안을 제시하고자 하며, 보강된 말뚝에 대해서는 시공된 말뚝의 품질을 확인하도록 하여 안전한 보강공사가 되도록 하는 데 목적이 있다.[1]

13.1.2 과업의 내용 및 방법

상기 검토 목적을 달성하기 위한 검토내용을 요약·열거하면 다음과 같다.[1]

(1) 현황 파악

　① 기존 설계 및 시공 자료, 지반조사 자료 검토

　② 기존 재하시험 결과

③ 필요하면 추가재하시험 요구

(2) 적정 보강공법 선정 및 보강공사 물량 결정

① 기존에 이용하고 있는 보강기법의 조사 및 분석

② 설계 및 시공 자료 분석

③ 기존 및 추가 재하시험 결과의 분석

(3) 경제적이고 안전한 보강방안 결정

① 바닥판이 설치되지 않은 동(101-A동 102동)에 대한 검토

② 지하실이 설치된 동(101-B동)에 대한 검토

(4) 보강 후 보강효과 확인 및 품질 확인

① 동재하시험

② 정재하시험

13.1.3 과업수행자 및 기간

(1) 과업수행기간: 1995년 11월 9일부터 1996년 1월 8일까지(60일간)

(2) 과업수행자

① 박용원: 명지대학교 토목공학과 교수, 공학박사, 기술사

② 홍원표: 중앙대학교 건설공학과 교수, 공학박사

③ 이명환: 파일테크 대표, 공학박사

④ 김병일: 명지대학교 토목공학과 조교수, 공학박사

⑤ 조천환: 파일테크 이사, 기술사

13.2 공사 현황 및 지지력 미달 원인

13.2.1 공사 현황

본 건 아파트의 평면배치도는 그림 13.1과 같다. 이 그림에서 보는 바와 같이 아파트 건물은 3동(101-A, 101-B, 102동)이며, 그 외 부속시설물로는 소방서, 대한적십자사, 관리노인정, 어린이놀이터, 지하주차장 및 지하상가 등이 있다.

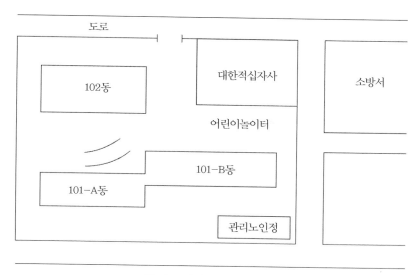

그림 13.1 아파트의 평면 배치도

기초공사와 관련된 주요기록을 정리하면 표 13.1과 같다. 이 표에서 보는 바와 같이 검토시점까지 지질조사가 이미 3차례 이루어졌고, 평판재하시험 및 기초변경에 대한 검토를 실시한 것으로 보아 본 기초공에 대한 문제는 이미 시공 초기부터 드러났던 것으로 볼 수 있다.

표 13.1 기초공사 관련 기록 요약

일자	내용
1994.09.06.	● 1차 지질조사(BX-5공)
1994.12.01.	● 공사착공
1995.03.13.	● 지반보강 및 기초변경검토
03.28.	● 2차 지질조사(NX-5공)
04.28.	● 평판재하시험 3개소 실시
05.30.	● PHC 말뚝(ϕ400, ℓ =12m)의 SIP 시공결정장비는 저소음·저진동 형식의 PILEMAN 투입
06.03.~09.25.	● 말뚝시공
09.12.	● 3차 지질조사(NX-3공)
09.14.	● 1차 재하시험 실시(101-A동 3본)
09.22.	● 2차 재하시험 실시(101-A동 2본)
10.23.	● 기초검토 의뢰
11.02.	● 3차 재하시험 실시(102동 4본, 101-A동 1본)

시공된 말뚝의 종류는 PHC(400mm) 말뚝이며 시공법은 시멘트풀 주입공법의 일종인 SIP 공법이 채택되었고 SIP 공법에 이용된 장비는 Pileman-1820이다. 본 공법의 시공순서는 오거로 지반을 굴착하고 시멘트풀을 넣으면서 오거를 인발한다. 이후 말뚝을 삽입한 후 해머로 말뚝을

경타하는데, 본 현장에서는 경타를 위해 장비에 부착된 진동해머를 사용하였다.

말뚝이 시공된 상태는 표 13.2와 같다. 이 표에서 보는 바와 같이 검토시점에서 101-A동과 102동은 말뚝시공 후 두부정리가 된 상태에서 버림콘크리트공사를 하는 중이었고, 101-B동의 경우는 상부구조물이 이미 올라가고 있는 상황이었다. 또한 관련 시험으로는 기초검토 의뢰 전까지 101-A동에 5개의 정재하시험이 수행되어 있었다.[5,6]

표 13.2 말뚝 시공현황

	층수	말뚝의 종류	말뚝본수	시공상황
101-A동	11층	PHC ϕ400mm	146본	말뚝 시공 후 두부 정리
101-B동	16층	PHC ϕ400mm	216본	지하실 및 상부1층 시공
102동	18층	PHC ϕ400mm	223본	말뚝 시공 후 두부 정리

따라서 본 검토에서는 적정 보강공법의 결정, 경제적이고 안전한 보강방안의 제시, 보강 후 효과 확인 등을 목표로 기초검토를 실시하였으며, 모든 방법 및 방안에 대해서는 현장시험으로 확인함으로써 안전한 보강공사가 되도록 하는 데 중점을 두었다.

13.2.2 지반조건

본 현장에서는 표 13.1에서 보는 바와 같이 3차에 걸쳐 시추를 실시하였는데, 이 중 시추심도나 시추구경으로 보아 두 번째 조사 결과가 가장 많은 정보를 제공하고 있다. 두 번째 시추조사에서는 NX 구경의 시추기로 5공을 시추하였으며, 채취된 시료에 대해서는 관련 토성시험을 실시하였다. 아파트 구조물과 관련된 지질상황을 그림으로 도시한 것이 그림 13.2다.

본 현장의 층서는 지표로부터 매립토, 붕적토, 풍화토, 풍화암, 연암의 순서로 구성되어 있으며, 층서가 균일하게 분포되어 있고 지하수위는 지표 아래 10.6m 정도에서 나타나고 있다.

상기 토층에서 기초공사에 가장 큰 영향을 줄 수 있는 층은 붕적토층으로, 이는 약 9m 두께로 N치는 평균 46 정도를 보여주고 있다. 본 층은 자갈 및 전석이 혼합되어 있고 이들 사이의 흙은 매우 느슨한 상태를 보여주는 전형적인 붕적토층 상태를 보여주고 있다. 따라서 본 층에 있어 주상도상의 N치는 흙의 경도가 아닌 자갈 및 호박돌에 영향을 받은 것으로 일반적인 토층의 N값과는 구분되어야 한다. 또한 붕적토층에는 30cm 이상의 전석도 보이고 동시에 전석 및 자갈 사이에 공극이 크게 나타나고 있어 당초 지질조사 결과로부터도 기초공법의 신중한 선택이 필요한 지반조건으로 고려되어야 하는 상황이었다. 더욱이 붕적층 이하에는 느슨한 풍화토층이 존재하고 있어 관입깊이 및 최종 경타 시 철저한 시공관리가 필요한 지반조건이다.

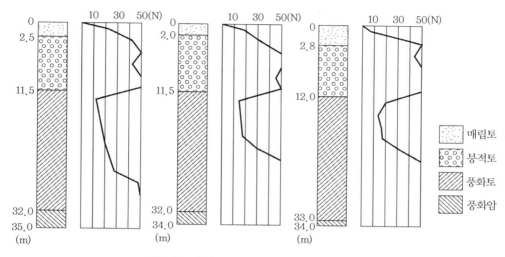

그림 13.2 아파트 구조물 부분의 시추조사 결과

주목할 만한 점은 아파트가 건설될 지점(BH-1, BH-3, BH-5)의 경우에만 붕적층 이하의 느슨한 풍화토층이 깊게 나타나 기초공사가 더욱 어렵고 비경제적인 상황을 만들고 있는 것이다 (그림 13.2 참조). 일반적으로 이러한 지반조건에서 SIP 공법을 시공할 시 예상되는 주요 유의할 점은 다음과 같다.

(1) 오거에 의한 붕적토층의 관통 문제
(2) 붕적토층 및 느슨한 풍화토층의 붕괴로 인하여 말뚝의 정위치 설치 불량
(3) 붕적토층 및 느슨한 풍화토층을 통한 시멘트 풀의 유실

13.2.3 지지력 미달 원인 분석

(1) 재하시험 결과

기초검토 수행 시 101-B동은 상부구조물이 시공 중인 상황이었으므로 재하시험은 바닥 슬래

브를 시공하지 않은 101-A동과 102동에 대해서만 수행하였다. 101-A동에 대해서는 기초검토 시 정제하시험이 이미 수행되었으며, 검토 시 재하시험에 대해서는 재하시험 수량을 늘리고 원인분석 시 보다 많은 정보를 얻기 위해 동재하시험을 수행하였다. 따라서 102동 및 보강말뚝에 대해서는 재하시험의 수량을 늘려 신뢰도를 확보하고 동시에 원인 분석 시 지지력의 분포 등을 파악하기 위해 동재하시험을 실시하였다. 여기서 동재하시험의 신뢰도를 보증하기 위해 1개 말뚝(101-A-276)에 대해서는 정재하시험 및 동재하시험을 동시에 수행하였다. 그 결과 동재하시험 결과가 정재하시험 결과에 비해 약간 작게 나타나고 있지만 이는 재하시험의 순서에 의한 것(정재하시험 후 동재하시험 수행)으로 보이며, 시험 적용에 대한 신뢰도에는 문제가 없다고 판단되었다.

재하시험에 의한 말뚝의 평균허용지지력은 101-A동의 경우 설계지지력을 만족하는 317번 말뚝을 제외하면 허용지지력이 15.0~32.5t으로 평균 26.5t을 보여주고 있으며, 102동의 경우도 허용지지력이 29.0~45.0t으로 평균 35.6t으로 나타나 101-A동과 102동 모두 설계지지력 70t에 크게 미달하는 것으로 나타났다. 101-A동의 재하시험 결과의 경우 317번 말뚝을 제외하고 4개의 말뚝 모두 45~60t 재하 시 급격한 침하가 일어나는 것을 볼 수 있는바, 선단지지력이 매우 취약한 주면지지말뚝의 형태를 띠고 있음을 알 수 있다.

102동의 재하시험 결과를 보면 주면 및 선단지지력의 크기 비율이 유사함을 알 수 있고 단위 면적당 지지력은 주면지지력의 경우 2.4t/m², 선단지지력의 경우 327t/m²으로, 모두 일반적인 지지력의 값에 비해 매우 작게 나타나고 있음을 알 수 있다. 즉, 본 시험말뚝들은 지지력 발휘 형상에서 주면마찰말뚝 형태를 보여주고 있으며, 단위면적당 주면마찰력 및 선단지지력의 절대 크기도 일반 SIP 공법에 비해 아주 작게 나타나고 있다. 따라서 재하시험 결과만으로 판단해볼 때 본 건 말뚝들은 주면부 및 선단부 모두에 지지력 부족 문제가 생긴 것으로 볼 수 있다.

(2) 지지력 부족의 원인

국내의 경우 선굴착 및 시멘트풀 주입공법으로 시공된 말뚝의 지지력을 지반조건과 연계하여 계산하는 지지력 공식은 없다. 건교부 제정 「구조물 기초 설계기준」[2.4]은 매입공법이 도입되기 이전인 1986년도에 제정되었으므로 이에 관한 지지력 산정식을 포함할 수 없었다. 또한 1992년 개정된 건교부 제정 「도로교 표준 시방서」[3]에는 속파기 말뚝공법이 포함되었으나 선굴착 및 시멘트풀주입 공법에 대한 내용은 없다. 즉, 국내에서는 현재 이와 같은 방법으로 시공된 말뚝의 지지력을 예측하는 공식은 찾아볼 수 없음을 알 수 있다.

일본의 경우 매입말뚝의 지지력 계산은 대부분 표준관입시험 결과치 N값을 이용한 공식이 사용되고 있으며,[5,6] 기관 또는 공법에 따라 상이한 기준이 적용되고 있다. 대부분의 매입공법들은 건설성기준을 토대로 작성되었고,[1] 이 식들은 각 공법의 지지력 특성을 잘 나타내고 있음을 알 수 있다. 공법의 특성상 선단지지력은 $q_b = 30\overline{N}$을 기준하여 $20\overline{N} \sim 30\overline{N}$까지 분포시켰는데, 이들의 크기는 선단부 조성 또는 최종항타 여부 및 이들의 확실성에 따라 변하고 있다.

즉, 선단부에 타격이 확실히 보장되는 공법의 경우는 최대치($30\overline{N}$)를 사용하였고 경타 또는 선단부가 조성되는 공법들은 q_b값을 $25\overline{N}$ 정도로 적용시키고 있다. 또한 주면마찰력의 경우도 시멘트풀 주입 여부 및 굴착 방법에 따라 마찰력치가 변화되고 있는데, 특히 주면에 시멘트풀을 주입하지 않거나 속파기 및 회전 삽입인 경우는 마찰력을 작게 인정하고 있다.

결국 지지력 증가는 선단부의 경우 최종항타를 보장하거나 혹은 부배합시멘트에 의한 선단부의 조성을 통해서 얻을 수 있고, 주면부의 경우는 말뚝의 직경보다 큰 구멍에 시멘트풀을 주입함으로써 이루어질 수 있음을 알 수 있다. 특히 실시공 결과에 따르면 시멘트풀 주입공법의 주면마찰력은 주면고정을 위한 흙－시멘트의 일축압축강도에 비례하는바, 주변지반이 연약지반이 아닐 경우 표준 주면고정액 배합비(시멘트 120kg＋물 450L＋벤토나이트 25kg/흙·시멘트m³)보다 시멘트 함량을 2.5배 정도 높여 시공하면 상당히 큰 주면마찰력을 얻을 수 있으며, 많은 경우이 주면마찰력만으로도 소정의 지지력을 기대할 수 있는 것으로 보고되고 있다.

본 현장의 경우 적용한 공법은 SIP 공법이며, pileman이라는 시공장비에 부착된 진동해머로 최종경타를 해준 상황이다.

선단지지력의 경우는 계산치(예측치)와 재하시험 결과가 일치한다고 볼 수 있다. 그러나 주면마찰력의 경우는 계산치와 재하시험 결과가 크게 다름을 알 수 있는데, 이에 대한 이유로는 주면부의 평균 N치의 불확실성을 들 수 있다. 전술한 지질조건에서 언급한 바와 같이 자갈 및 전석에 의해 붕적층에서의 N치는 의미가 없으므로 마찬가지로 주면마찰력도 의미가 없는 것이다. 따라서 이번에는 $R_F = \frac{1}{5}\overline{N_s}L_s$에서 이미 알고 있는 L_s와 R_F값을 대입하고 $\overline{N_s}$값을 역산하면 101A동과 102동의 $\overline{N_s}$값은 각각 14.9, 14.4로 계산된다. 이는 붕적층에서의 평균 N치는 14 정도라는 것을 의미하는 것이다. 즉, $N = 14$는 매우 느슨한 모래자갈층에서 볼 수 있는 값이며, 이는 붕적층을 대표할 수 있는 값이므로 결국 주면부에서는 시멘트풀의 역할이 거의 없었다고도 볼 수 있다.

주면부에서 시멘트풀의 역할이 없는 이유로는 지질조사에서도 언급한 바와 같이 말뚝의 상당부분은 붕적층에 걸쳐 있으므로 붕적층의 공극을 통해서 시멘트풀이 유실되었다고 볼 수 있으며, 이는 현장의 굴착조사에서도 확인되었다. 일반적으로 이러한 지반에서는 시멘트풀을 주입할 수가 없으며 많은 양을 주입하더라도 이에 의한 주면마찰력의 증대효과는 거의 기대할 수 없다.

선단지지력이 작게 나타나는 이유는 계산치 및 재하시험 결과에서와 같이 관입심도 부족이다. 현재 현장에 관입된 말뚝의 평균길이를 주상도와 함께 도시한 것이 그림 13.3이다.

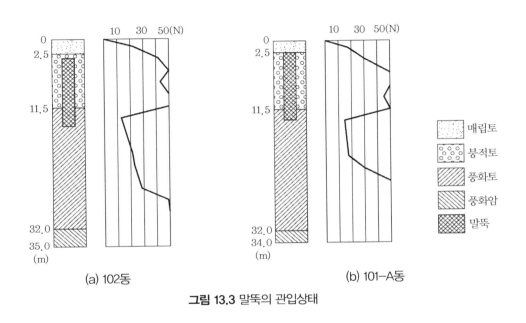

(a) 102동   (b) 101-A동

그림 13.3 말뚝의 관입상태

이 그림에서와 같이 말뚝의 선단부는 느슨한 풍화토층 내에 관입되어 있다. 다만 현장 시공상황의 청문에 의하면 당시 시공 시 pileman 오거로 굴착하여 시멘트풀을 주입한 후 말뚝을 삽입하고 진동해머로 경타를 충실히 실시하였다고 했는데, 이 경우 관입심도의 부족은 현장상황으로 보아 진동해머의 용량부족 또는 전석층 공벽붕괴에 의해서 나타날 수가 있지만 종합적으로 판단해볼 때 후자가 더 영향을 주었을 가능성이 크다. 왜냐하면 전석층에서 공벽이 붕괴되어 선단부에 모래자갈이 쌓이게 되면 해머 용량과 상관없이 말뚝의 관입이 곤란한 것이 일반적이기 때문이다.

13.3 보강 대책

당 현장에 있는 아파트의 기초는 PHC 말뚝을 사용한 SIP기초로 시공되어 있는데, 101-A 동 및 102동에 대해서는 말뚝만 시공되어 있고 101-B동에 대해서는 지하실이 축조된 상태다. 시공되어 있는 말뚝에 대한 재하시험 결과, 허용지지력이 15~45t이 되어 설계지지력 70t에 미치지 못하여 보강 대책을 강구하게 되었다.

13.3.1 보강공법 선정

해당 현장에서 보강공법으로는 다음과 같다.

(1) SIP 기초를 추가 시공하는 방법
(2) 마이크로파일 등으로 시공하는 방법
(3) 팽창말뚝공법
(4) J.S.P(Jumbo Special Pattern) 공법

이 방법들 중에서 첫 번째 방법은 기존 SIP 기초가 재하시험 결과 설계지지력에 못 미치는 결과를 보였으므로 보강효과에 의문이 있으며, 또한 현장여건상 추가시공하기에 적합하지 않고, 지하층이 이미 시공된 101-B동에는 적용할 수가 없다.

두 번째 방법의 마이크로파일 공법은 직경 30cm 이하의 작은 구경으로 천공하여 스틸바를 설치하고 그 주위에 시멘트그라우팅을 실시하여 지지력을 확보시켜주는 방법이다. 이 방법은 기존 기초와의 연결 부위의 처리에 문제가 있으며, 101-B동의 경우 천공장비가 기구조물 투입에 어려움이 있고, 보강 후 말뚝의 휨에 대한 효과에 의문이 있다.

세 번째 방법은 지반조건 또는 말뚝의 지지력에 따라 말뚝을 타입·압입하거나 혹은 기 천공된 공에 말뚝을 삽입한 후 말뚝에 붙은 작은 파이프를 통해 말뚝선단에 접혀 있는 팽창제에 시멘트모르타르를 주입하여 팽창체를 팽창시키는 것이다. 팽창체가 형성되므로 주변지반을 압축하게 되어 지지지반의 역할을 하게 되고, 따라서 말뚝을 지지층까지 설치할 필요가 없으므로 비용의 절감이 가능하며 시공속도도 빠르다. 특히 이 공법은 언더피닝(underpinning)에 의한 기존구조물의 보강 및 앵커에의 이용도 가능하다. 따라서 101-B동의 경우에도 이 공법을 적용하기

에 적합하다고 보이나, 이 공법은 아직 도입단계에 있고 보강공 자체가 시급을 요하는 상태이므로 이를 본 현장에 적용하기에는 공기 및 도입 여건상 부적절하다.

따라서 시멘트 페이스트를 고압(200kg/cm)으로 토립자를 파쇄·섞음으로써 원주형의 시멘트 고결체를 형성하는 공법인 J.S.P 공법을 적용하는 것이 좋다고 판단된다. J.S.P 공법은 기존 구조물에 mini jetting machine을 이용하여 근접 시공이 가능하며 천공경(ϕ100mm)이 작아 기존 기초에도 크게 영향을 미치지 않을 뿐 아니라 구근형성(ϕ800mm)이 크게 확산되어 상부하중을 기존 SIP 기초와 분담시켜 지지할 수 있다.

앞에서 언급한 내용에 따라 J.S.P로 시공을 할 경우 본 현장에 대하여 다음과 같은 세 가지 보강방안을 고려할 수 있다.

(1) 제1안

그림 13.4와 같이 말뚝 내 경부를 천공하여, 말뚝직하를 J.S.P로 시공하는 방법이다. 이 방법의 문제점으로는 기 시공된 말뚝의 수직도가 의문시되고 말뚝 직하부와 J.S.P 접촉부의 강도에 대한 신뢰도가 저하되며 공 내 오염 정도에 따라 시공성이 좌우된다는 것을 들 수 있다.

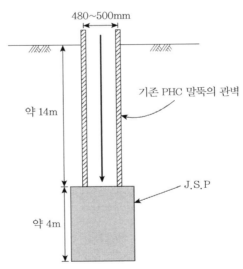

그림 13.4 기 시공된 PHC 말뚝 내부를 천공하여 J.S.P를 시공하는 경우

(2) 제2안

그림 13.5와 같이 말뚝 본당 2공의 J.S.P를 시공하는 방법이다. 이 방법의 문제점으로는 J.S.P 시공 물량의 증대에 따른 경제성 저하를 들 수 있다.

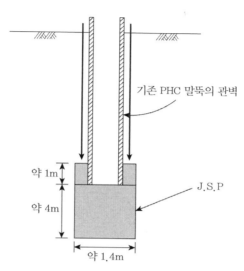

기존 PHC 말뚝의 관벽

J.S.P

약 1m
약 4m
약 1.4m

그림 13.5 기 시공된 PHC 말뚝측면을 통해 2공의 J.S.P를 시공하는 경우

(3) 제3안

그림 13.6과 같이 기시공한 지하실이 있는 동(101-B 동)은 말뚝 시공분과 관계없이 J.S.P를 깊게 시공하는 방법이다. 이 방법의 문제점은 지하실이 이미 시공되어 있으므로 말뚝의 위치를 알 수 없어 기 시공된 말뚝에 상관없이 시공이 된다는 점이다.

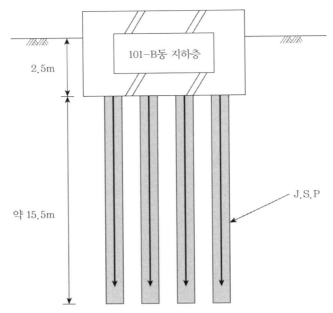

그림 13.6 기 시공된 말뚝에 관계없이 J.S.P 기둥을 형성하는 경우

13.3.2 설계조건

(1) 토질조건

각 시추공에 따른 토질조건은 다음의 표 13.3과 같다.

표 13.3 각 시추공에 따른 토질조건

시추공명	심도(m)		
지층	BH-1(102동)	BH-3(101-A동)	BH-5(101-B동)
매립토	2.5	2.0	2.8
붕적토	11.5	11.5	12.0
풍화토	32.0	32.0	33.0

(2) J.S.P공(모래층 기준)

① 일축압축강도: $q_u = 40\mathrm{kg/cm}^2$

② 허용압축강도: $q_a = \dfrac{1}{3}q_u = 13.3\mathrm{kg/cm}^2$

③ J.S.P 유효경: $\phi = 800\text{mm}$

④ J.S.P 유효단면적: $A_l = 0.502\text{m}^2/$본

⑤ J.S.P 본당 허용지지력: $P_a = q_a A_l$

$$= 133\text{t}/\text{m}^2 \times 0.502\text{m}^2/\text{본}$$

$$= 66t/\text{본}$$

13.3.3 101-A동 및 102동에 대한 J.S.P 공법의 적용

지하층이 시공안된 101-A동 및 102동의 경우에는 그림 13.4 및 그림 13.5와 같이 기존 말뚝 아래 1공 또는 2공의 J.S.P를 시공하는 방법으로 보강할 수 있다. 그러나 J.S.P 1공당 허용지지력 은 약 66t으로 추정되어 설계지지력인 70t에 미달하기 때문에 말뚝 내 경부를 천공하여, 말뚝아래 J.S.P를 1공 시공하는 방법으로는 충분한 보강이 될 수 없다. 따라서 그림 13.5와 같이 말뚝 본당 2공의 J.S.P를 기존 말뚝의 측벽을 따라 시공하는 방법을 적용하는 것이 바람직하다. 이미 시공된 모든 SIP 말뚝에서 보강되어야 하며, 보강 후 각 말뚝별 허용지지력은 다음과 같다.

① 일축압축강도: $q_u = 40\text{kg}/\text{cm}^2$

② 허용압축강도: $q_a = \dfrac{1}{3}q_u = 13.3\text{kg}/\text{cm}^2$

③ J.S.P 유효단면적: $A_l = 2 \times 0.385 = 0.77\text{m}^2$

중복되는 부분을 고려하여 $\phi = 700\text{mm}$ 2공으로 계산하였다.

④ J.S.P 보강 후 허용지지력: $P_a = q_a A_l$

$$= 133\text{t}/\text{m}^2 \times 0.77\text{m}^2$$

$$= 102t$$

따라서 101-A동 및 102동의 경우 기존 SIP 말뚝 아래 J.S.P를 2공씩 보강하면 허용지지력이 설계지지력 70t을 훨씬 상회하기 때문에 보강 후 기초는 안정할 것으로 판단된다.

13.3.4 101-B동에 대한 J.S.P 공법의 적용

지하층이 시공된 101-B동의 경우에는 그림 13.6과 같이 말뚝 시공분과 관계없이 J.S.P를 풍화잔류토까지 시공하는 방법으로 보강할 수 있다. 이미 시공된 SIP 기초 중 101-B동에 인접해 있는 101-A동의 재하시험 결과, 15~32.5t의 지지력을 나타내고 있으므로 101-B동의 기 시공분에 대한 지지력은 안전 측으로 설계하중 70t의 1/3인 23t을 기존 말뚝의 인정지지력으로 고려하고 부족분을 J.S.P로 보강하기로 한다.

표 13.4 101-B동 설계하중

벽	벽하중	total(t)	벽	벽하중	total(t)
W1×2	457.2×2	914.4	W13×4	95.4.×4	381.6
W2×4	343.7×4	1374.8	W14×4	44.4.×4	177.6
W3×4	116.5×4	466.0	W15×4	46.6.×4	186.4
W4×4	125.1×4	500.4	W16×4	325.3×4	1301.1
W5×4	35.5×4	142.0	W17×4	320.8×4	1283.2
W6×4	258.0×4	1032.0	W18×2	61.5×2	135.0
W7×1	56.2×1	56.2	W19×4	34.5×4	138.0
W8×4	143.9×4	575.6	W20×4	33.2×4	132.8
W9×4	75.9×4	303.6	W21×1	657.1×1	656.7
W10×8	78.6×8	628.8	W7A×2	28.1×2	56.2
W11×1	159.2×1	159.2	W11A×2	77.3×2	154.6
W12×1	121.6×1	121.6	W12A×2	64.62	139.2
total				11017.0	

매트 기초: $1.0 \times 2.4 \times (12.5 \times 43.8 - 1.3 \times 6.8 \times 4 - 0.3 \times 5.7 \times 4 - 1.7 \times 1.3 \times 4) = 1191.5t$

$\sum N_T = 11017.0 + 1191.5 = 12208.5t$

(1) 하중조건

○○토탈아파트 3개동은 선우구조기술사 사무소에서 설계하였으며, 말뚝 배치 시 축하중 외에 모멘트까지 고려하였다. 101-B동의 각 벽체에 작용하는 하중 및 총 하중은 다음과 같다.

(2) 보강공수 산정

보강공수 계산에서 하중은 구조물기초에 균등하게 작용하는 것으로 가정하였으며, 계산 결과는 다음과 같다.

① 총 설계하중: P12208.5t
② 기존 말뚝의 지지력: PSIP = 23×216 = 4968t
③ J.S.P로 지지해야 할 하중: PJSP = 12208.5-4968 = 7240.5t
④ J.S.P 보강공수(n): n = 7240.5÷66 = 110개 이상

앞에서 결정된 보강공수는 연직하중만을 대상으로 단순히 결정된 하중이므로 최종적으로는 구조물에 걸리는 모멘트도 고려하여 보강공수를 결정해야 한다. 따라서 본 검토에서는 우선 시공성을 고려하여 말뚝보강수를 결정한 후 이에 대해 모멘트를 고려하여 다시 축력을 계산하여 검토함으로써 최종적으로 보강공수를 결정하였다. 여기서 J.S.P 기둥에 대한 결과는 축력은 PIGLET 프로그램을 이용하여 산정하였다. J.S.P 보강은 하중이 벽체에 작용하는 것을 고려하여 기존의 SIP 기초 사이에 실시하는 것으로 한다. J.S.P 보강공수는 기존 SIP 말뚝의 시공위치를 고려하여 안전 측으로 158개로 정하였다.

13.3.5 J.S.P 보강 후 재하시험 결과

(1) 기존 말뚝 아래 J.S.P 1공 또는 2공을 보강한 후의 재하시험

J.S.P 공법의 보강효과를 확인하기 위하여 1995년 11월 25일 기존의 PHC 말뚝 아래에 J.S.P를 한 공 또는 두 공을 보강한 후에 항타분석기(PDA)를 이용한 동재하시험을 101-A동 위치에서 총 4회에 걸쳐서 실시하였다. PHC 말뚝의 준공부를 통한 1공 보강말뚝의 경우는 허용지지력이 각각 58.8t과 37.5t으로 설계지지력(70t)에 미달하므로, 보강형식으로 적합하지 않는 것으로 나타났다. 한편 기존 말뚝과 측벽을 통한 2공 보강말뚝의 경우에는 각각 92.5t 이상과 87t 이상으로 나타나 계산치보다 작으나 설계지지력 70t보다 크므로 2공 보강형식을 취하면 101-A동 및 102동의 기초는 안정할 것으로 판단된다.

표 13.5 기존 말뚝 아래를 J.S.P로 보강한 후의 재하시험 결과

동	시험말뚝 번호	CAPWAP 분석 결과(t)	Davision 판정에 의한 항복하중(t)	허용지지력(t) (안전율 2.0)	비고
101-A	307	117.5	117.5	58.8	1공 보강
	276	185.0	185이상	92.5이살	2공 보강
	274	174.0	174이상	87.0이상	2공 보강
	259	74.4	75.0	37.5	1공 보강

자세한 재하시험 결과 내용은 참고문헌(1)의 부록 참조

(2) J.S.P 기둥에 대한 재하시험

지하층이 이미 시공된 101-B동의 말뚝기초 보강공법으로 선정된 J.S.P 말뚝의 연직지지력을 측정하기 위하여 1995년 12월 19일과 20일 이틀 동안 총 2회에 걸쳐 정재하시험을 실시하였다. 재하시험 결과 허용지지력이 약 70t 이상으로 나타나 101-B동의 보강공법으로 문제가 없는 것으로 판단된다.

13.4 결론

본 과업 대상 구역의 말뚝기초를 검토하기 위해 지반조건, 구조물조건, 말뚝의 시공상태 등을 조사하고 재하시험을 실시하여 지지력 부족의 원인을 분석하였다.

본 건과 관련한 말뚝들은 주면부 및 선단부 모두에서 지지력이 불량하게 나타나고 있었는데, 이는 주면부의 경우는 붕적층 내로 시멘트풀이 유출되어 주면마찰력을 발휘할 수 없었고 선단부의 경우는 최종항타 시 붕적층의 공벽 붕괴 및 최종항타용 해머의 용량 부족에 의해 말뚝을 지지층까지 관입할 수 없었던 것에 기인하는 것으로 판단된다.

이러한 원인 분석 결과를 바탕으로 J.S.P 공법을 보강공법으로 채택하였으며 동시에 J.S.P 공법을 이용한 세 가지 시공 방안(말뚝 한 개당 2공 보강 및 1공 보강, J.S.P 기둥 조성)을 현장에서 직접 시험 시공하여 재하시험을 수행·확인한 후 바닥기초가 시공되지 않은 101-A동과 102동은 말뚝하부에 2공을 보강하는 방법이다. 지하층 및 상부구조물이 건설된 101-B동의 경우는 기초판 하부에 J.S.P 기둥을 조성하는 방법으로 보강방안을 채택하고 이를 기준으로 보강 물량을 결정하였다. 또한 보강을 완료한 101-A동 및 102동의 말뚝에 대해서도 재하시험을 실시하

여 계획된 보강공사의 품질확인도 아울러 실시하였다. 101-B동의 경우에는 101-A동 및 102동의 보강 전 재하시험 결과를 토대로 하여 기존 말뚝에 대해서는 설계하중의 1/3만 인정하고 나머지 부족분에 대해서는 J.S.P 기둥을 시공하여 보강하는 것으로 계획하였다. 보강물량은 보강 전 재하시험 결과를 토대로 하여 기존 말뚝에 대해서는 설계하중의 1/3만 인정하고 나머지 부족분에 대해서는 J.S.P 기둥을 시험시공한 후 재하시험을 실시하여 확인한 지지력을 이용하여 결정하였다.

한편 101-B동의 경우 J.S.P 시공 도중 지반 융기현상으로 인해 아파트 구조물이 부상할 수 있으며, 또한 101-B동에 해당되는 보강말뚝에 대해서는 보강 후 품질확인을 할 수 없는 상황이었다. 시공 후에도 지반침하가 발생할 가능성을 전혀 배제할 수 없으므로 101-B동의 아파트 모서리 및 가장자리에 각각 4지점에서 융기 및 침하에 대한 계측을 실시하여야 할 필요가 있으며, 문제가 발생할 때에는 적적한 조치를 취해야 한다.

본 과업을 수행하면서 유사 문제의 재발방지 및 효율적인 보강공 수행을 휘해 얻은 교훈은 다음과 같다.

(1) 기초공사에서 지반종보의 중요성을 더욱 절실히 느꼈으며, 특히 본 건의 경우 세 번의 시추조사로도 충분하고 만족할 만한 자료를 얻지 못했다고 판단되며, 따라서 기초공의 계획 시 시추조사를 하는 데 충분하고도 정확한 자료를 얻는 데 인색하지 말아야 한다고 생각한다.

(2) 지반조사 및 현지여건을 토대로 평범하지 않은 상황에 있어 기초공법을 선정할 경우는 반드시 전문가의 의견을 들어 설계에 임하고, 설계한 내용에 대해서는 시험시공을 통해 확인하는 것이 무엇보다도 중요하며 궁극적으로는 이러한 절차가 시간과 경비를 절감하게 된다고 생각한다.

(3) 문제가 된 기초공이 있어 보강공법의 선정 및 보강공의 물량을 결정하기 위해서는 전체 시공범위에 걸쳐 실시공 상태를 확인하는 것이 무엇보다도 중요하다. 이를 위해서는 가능한 많은 수의 말뚝에 대해 재하시험을 실시하고, 원인을 분석하는 데 보다 많은 정보를 주는 재하시험 방법이 필요한데, 이 경우 정재하시험보다는 동재하시험이 유리하다. 경우에 따라서는 1본에 대해 두 가지 시험을 동시에 실시하여 기준치로 이용하고 나머지에 대해서는 동재하시험을 실시하면 신뢰도 및 경제성에 있어 더욱 유리하다고 판단된다.

● 참고문헌 ●

(1) 박용원·이명환·홍원표·김병일·조천환(1996), '마산시 신한토탈 아파트 신축공사의 말뚝기초 및 보강 대책 검토 연구보고서', 한국지반공학회.

(2) 대한토목학회(2001), 도로교설계기준 해설(하부구조 편).

(3) 한국도로공사(1992) 도로설계요령 제2권 토공 및 배수.

(4) 한국지반공학회(2002), 구조물 기초설계기준.

(5) Bowles, J.E.(1982), 3rd Ed., Foundation Analysis and Design, McGraw-Hill Book Co.

(6) Das, B.M.(1984), Principles of Foundation Engineering, Brooks/Cole Engineering Division.

찾아보기

저자 소개

홍 원 표

- (현)중앙대학교 공과대학 명예교수
- 대한토목학회 저술상
- 중앙대학교 학생처장, 건설대학원장, 대외협력본부장(부총장)
- 서울시 토목상 대상
- 과학기술 우수 논문상(한국과학기술단체 총연합회)
- 대한토목학회 논문상
- 한국지반공학회 논문상·공로상
- UCLA, 존스홉킨스 대학, 오사카 대학 객원연구원
- KAIST 토목공학과 교수
- 국립건설시험소 토질과 전문교수
- 중앙대학교 공과대학 교수
- 오사카 대학 대학원 공학석·박사
- 한양대학교 공과대학 토목공학과 졸업

기초공사사례

초판인쇄 2024년 02월 21일
초판발행 2024년 02월 28일

저　　　자 홍원표
펴　낸　이 김성배
펴　낸　곳 도서출판 씨아이알

책임편집 박영지
디　자　인 윤지환, 박영지
제작책임 김문갑

등록번호 제2-3285호
등　록　일 2001년 3월 19일
주　　　소 (04626) 서울특별시 중구 필동로8길 43(예장동 1-151)
전화번호 02-2275-8603(대표)
팩스번호 02-2265-9394
홈페이지 www.circom.co.kr

ＩＳＢＮ 979-11-6856-202-8 (세트)
　　　　　 979-11-6856-205-9 (94530)
정　　　가 24,000원